中国水利教育协会
高等学校水利类专业教学指导委员会 共同组织

全国水利行业“十三五”规划教材（普通高等教育）

农业水资源规划与管理

邵东国　顾文权　林忠兵　编著

中国水利水电出版社
www.waterpub.com.cn
·北京·

内 容 提 要

本书系统地阐述了农业水资源规划与管理的基本理论与方法。全书共分为8章，包括绪论、水资源评价、土壤水利用、地下水利用、地表水利用、水资源供需分析、多水源联合运用和水资源管理等内容。

本书可作为农业水利工程、水文学及水资源、水利水电工程等水利、农业院校的专业教学用书，也可供从事水利、农业、资源、环境等领域的水资源规划、利用、配置、调度、管理等实际工作的技术人员作为参考用书。

图书在版编目（CIP）数据

农业水资源规划与管理 / 邵东国，顾文权，林忠兵编著. -- 北京 : 中国水利水电出版社，2020.5
全国水利行业“十三五”规划教材. 普通高等教育
ISBN 978-7-5170-8575-1

Ⅰ. ①农… Ⅱ. ①邵… ②顾… ③林… Ⅲ. ①农业资源－水资源管理－高等学校－教材 Ⅳ. ①S279.2

中国版本图书馆CIP数据核字(2020)第107893号

书 名	全国水利行业“十三五”规划教材（普通高等教育） **农业水资源规划与管理** NONGYE SHUIZIYUAN GUIHUA YU GUANLI
作 者	邵东国 顾文权 林忠兵 编著
出版发行	中国水利水电出版社 （北京市海淀区玉渊潭南路1号D座 100038） 网址：www.waterpub.com.cn E-mail：sales@waterpub.com.cn 电话：(010) 68367658（营销中心）
经 售	北京科水图书销售中心（零售） 电话：(010) 88383994、63202643、68545874 全国各地新华书店和相关出版物销售网点
排 版	中国水利水电出版社微机排版中心
印 刷	北京瑞斯通印务发展有限公司
规 格	184mm×260mm 16开本 8.5印张 207千字
版 次	2020年5月第1版 2020年5月第1次印刷
印 数	0001—2000册
定 价	**28.00**元

前言

水资源是人类赖以生存与发展的重要自然资源，维系着生态系统的稳定与环境安全，它与粮食、能源之间存在复杂的相互转化与相互作用的关系，“节水优先”已成为国家新的治水理念，水—粮食—能源—环境的互馈关系正成为国际前沿研究热点。

长期以来，受学科和专业设置、教学学时计划等多种因素的限制，水资源规划与管理相关教材及教学中，较多关注地表水与地下水资源的开发利用及配置、保护等问题，较少考虑土壤水在农业生产中的利用与节约保护；较多考虑大中型水库联合运用，较少考虑塘坝、泵站等小型水利工程的作用等。过去按细小专业编写教材的模式，与现行“宽口径、厚基础”的人才培养需求不相适应，难以满足国际水资源精细化管理的发展需要。

本书列入中国水利教育协会《关于公布全国水利行业‘十三五’规划教材名单通知》（水教协〔2016〕16号）名录，是在原有《水资源规划与管理》的基础上修编而成的。10多年来，为满足节水型社会建设与最严格水资源管理制度建设等客观需求，不断适应本科教学改革的发展，根据授课经验，突出农业用水管理特色，本书比较系统地阐述了地表水、地下水、土壤水等水资源评价、利用及其多水源配置、调度、管理基本理论与方法，修改完善了农业水资源规划与管理内容，对适应高等学校教学和水资源规划管理等生产实践的要求具有重要意义，可适用于农业水利工程和水文学及水资源、水利水电工程等专业教学与生产实践。

参加本书编写的有武汉大学邵东国教授（第1章、第8章），顾文权副教授（第2章、第5～7章），林忠兵副教授（第3章、第4章）。全书由邵东国教授和顾文权副教授统稿。

在本书编写过程中，武汉大学水利水电学院对本书的出版给予了大力支持，中国水利水电出版社的编辑同志为本书出版付出了大量的辛勤劳动，在此表示衷心感谢！

对于书中错误和不妥之处，恳请读者批评指正。

编著者

2019年12月于珞珈山

目录

第1章　绪　　论

1.1　水　资　源

1.1.1　水资源特性

淡水资源是陆地生态系统不可缺少的可以更新的自然资源，是人类社会发展的重要物质基础。由于水的表现形式多种多样，如降水、地表水、土壤水、地下水等，它们不仅相互之间可以转化，还具有广泛的流动性、侵蚀性和化学生物特性，直接影响经济、社会、生态、环境等各个部门，不同部门对水资源含义的理解往往各不相同。

1988年，联合国教科文组织（UNESCO）和世界气象组织（WMO）共同制定的《水资源评价活动——国家评价手册》中，定义水资源为"可资利用或有可能被利用的水源，但应具有足够的数量和可用的质量，并在某一地点为满足某种用途而被利用"。

广义而言，一切具有利用价值的淡水来源或形式，均属水资源范畴。它不仅指可被人们开发利用的那部分水，还有供生态环境使用的，甚至包括那些暂时无法利用但具有潜在使用价值的那部分水。狭义而言，水资源主要是指水循环周期内可以恢复再生的、能为人类直接利用的淡水资源。它具有如下特性。

1. 可再生性

水资源与其他固体资源的本质区别在于其所具有的流动性，它是在循环中形成的一种动态资源。水循环系统是一个庞大的天然水资源系统，水资源在开采利用后，能够得到大气降水的补给，处在不断地开采、补给和消耗、恢复的循环之中，如果合理利用，可以不断地供给人类利用和满足生态平衡的需要。

2. 储量有限性

水资源处在不断的消耗和补充过程中，在某种意义上水资源具有"取之不尽"的特点，恢复性强。但实际上全球淡水资源的储量是十分有限的，且淡水资源的大部分储存在极地冰帽和冰川中，真正能够被人类直接利用的淡水资源仅占全球总水量的0.00768%。从水量动态平衡的观点来看，某一时期的水量消耗量接近于该时期的水量补给量，否则将会破坏水平衡，造成一系列不良的环境问题。

3. 时空分布不均匀性

受大气环流和重力作用，降水和融雪水在地球表面产流、汇集总是在一定地域从高处向低处流动，这就决定了水资源演变转化总是在流域分水岭之间进行，显现出明显的气候地域特征。受气候和地理位置等因素影响，水资源在自然界中具有一定的时间和空间分布，不同流域、地区之间和流域上、中、下游之间存在明显的差异，并随着社会经济发展状态的不同而出现水资源量与质上的变化。

我国水资源在区域上分布极不均匀，总的来说，东南多，西北少，沿海多，内陆少，山区多，平原少；在同一地区中，不同时间分布差异性很大，一般是夏多、冬少。

4. 随机性

自然界中可更新的水资源主要来源于大气降水和融雪水，其循环转换具有因果关系。由于大气降水和融雪水在时空上存在随机性，导致水资源转化过程中有随机性。如某一区域既有丰水年、平水年、枯水年三种年型，又有连枯、连丰情况，一年当中还有枯水期和丰水期，这种变化都是随机的，具有一定的统计规律。

5. 用途广泛性

水资源是被人类生产和生活中广泛利用、“不可替代”的自然资源，广泛应用于生产、生活和生态中，向人类社会提供供水、灌溉、发电、航运、养殖、旅游、景观等多种服务功能。在各种不同的用途中，有的是消耗性用水，有的则是非消耗性或是消耗很少的用水，且不同目的的用水对水质的要求各不相同，这是水资源“一水多用”、充分发挥其综合效益的有利条件。

6. 利害两重性

水量过多容易造成洪涝灾害，水量过少则易形成干旱。水资源的这种双重性质，要求在水资源开发利用过程中强调统筹规划和合理调控，以达到兴利除害的目的。

7. 动态转化性

水资源动态转化既包括液态、固态水的汽化，水汽凝结降水等过程，又包括降水在地球表面形成的地表水、土壤水、地下水的聚集及其相互转化。各种不同水体的边界并非完全封闭，而是与外界环境存在各种物质能量交换，是一种既相互联系又相互转化的开放系统。例如，地表蓄水体，可以接受外界水溶解的化学盐类与泥沙及有机质的悬浮物，在重力与分子力作用下，发生的渗流、越流，可使地表水与地下水相互转换；在热力作用下，这些水体又可通过蒸发与凝结，与大气水分相互转化。因此，气候与下垫面变化都可能导致水资源量的变化。

1.1.2　水资源现状

地球上水量丰富，表面约有70%以上的面积为水所覆盖，其余约占地球表面30%的陆地也有水存在，但只有2.53%的水是可供人类利用的淡水，主要分布在冰川与永久积雪和地下水中。如果考虑现有的经济、技术能力，扣除目前无法取用的冰川积雪及深层地下水，理论上可以开发利用的淡水不到地球总储存水量的1%。随着经济的发展和人口的增加，世界用水量逐年增加，但人均供水量逐年减少。到2025年，世界将近一半的人口会生活在缺水的地区，水危机已经严重制约了人类的可持续发展。

我国多年平均降水量为648mm，其中，约56%消耗于陆面蒸发，44%转化为地表和地下水资源。多年平均年径流总量27115亿m^3，年均地下水资源量为8288亿m^3，扣除重复计算量7279亿m^3，我国多年平均水资源总量为28124亿m^3，居世界第6位，占全球的6%。但2017年我国人均水资源拥有量仅为2074.53m^3，为世界平均值的1/4左右，到2030年我国人口16亿、人均水资源1760m^3、接近国际公认的“少于1700m^3时为用水紧张国家”标准，是全球水资源贫乏的主要国家之一。

我国水资源时空分布很不均匀。最大与最小年径流的比值，长江以南的河流小于5；

北方河流多在10以上。径流量年际变化大与连续丰、枯水段的出现，使我国经常发生旱、涝或连旱、连涝、旱涝急转等现象，加大了水资源开发利用的难度。

我国水资源配置极不合理，水资源供需矛盾日益突出。北方地区人口占全国总人口的2/5以上，耕地占全国耕地总面积的3/5，而水资源总量仅占全国的1/5，人均水资源拥有量为1127m^3，每公顷耕地拥有水资源量为9465m^3（亩均431m^3）。南方地区人口占全国总人口的3/5，耕地占全国耕地总面积的2/5，却拥有全国水资源总量的4/5。在全国人均水量不足1000m^3的10个省份中，北方占了8个，主要集中在华北地区。在全国耕地每公顷水量不足1500m^3的15个省份中，北方片占了13个。此外，我国有1333万hm^2可耕后备荒地，主要集中在北方片的西北区和东北区。如果考虑开发这些后备荒地的用水量，那么北方片每公顷耕地拥有的可用水量仅为7687m^3（512m^3/亩），为南方片的1/7.5。我国水资源空间分布的不均衡性与全国人口、耕地分布上的差异性，加剧了我国水资源供需的矛盾。

（1）水旱灾害更加频繁，洪旱涝渍灾害损失日益严重。1998年长江、珠江、松花江发生超历史记录的洪水，直接经济损失2466亿元。2006年夏季，重庆市发生百年一遇特大旱灾，直接经济总损失81.5亿元，农作物受旱面积近133万hm^2，农作物经济损失60.31亿元。

（2）水资源需求不断增长，用水效率低，供需矛盾不断恶化。在过去100年中，世界人口增长了3倍，经济增长了20倍，水资源消耗总量增长了10倍，水资源供需矛盾更加尖锐。据统计，目前全球有80多个国家正面临着水资源不足，16%的城市人口缺水，约12亿人严重缺少饮用水。据估计，到2050年世界人口可能增长1倍，达106.4亿人，其中发展中国家占87%，即92.9亿人，人类对水资源的需求必将大幅度增加。目前，我国人多水少，水资源供需矛盾突出，全国正常年份缺水量达500亿m^3，但全社会节水意识不强、用水粗放、浪费严重，水资源利用效率与国际先进水平存在较大差距。2017年，我国农田灌溉水有效利用系数仅为0.54，与发达国家0.7～0.8的系数差距很大；万元工业增加值用水量为45.6m^3，是世界先进水平的2倍；万美元GDP用水量约为500m^3，而发达国家基本在300m^3以下。水资源短缺已经成为生态文明建设和经济社会可持续发展的瓶颈制约，迫切需要从国家层面统筹推动节水工作。

（3）水环境恶化趋势明显，水资源保护任务加重。据统计，全世界每年排向自然水体的工业和生活废水达4200亿m^3，使35%以上的淡水资源受到不同程度的污染，约1/5人口得不到符合卫生标准的淡水。据估计，2025年将有50%的人口居住在城市，人类活动的发展将使更多的废弃物不断污染可利用的水源。在污染物中，未处理的或部分处理的污水中，农业和工业排放的污水占主要部分。这些污染物将严重影响水质，特别是生活用水的水质。许多过去认为可以开发的水源，将来很可能成为不适宜的、特别是不适于饮用的水源。

（4）河湖湿地生态系统萎缩，水电开发下游生态环境用水难以保证。与20世纪50年代初期相比，目前全国湖泊面积减少了15%，长江中下游的湖泊数量减少了一半以上，天然湿地面积减少了26%，由此导致水资源调蓄能力和水体自净能力下降及河道泄洪能力降低，加剧了洪涝灾害和水质污染的危害，对生物多样性也造成了严重破坏。不合理的水电站、水库建设及其运行调度方式，导致下泄流量减少甚至断流，水温、水位甚至水质变化，鱼类栖息地与洄游通道消失等。

1.1.3　水资源开发利用

水资源开发利用是指人类通过劳动、科学技术和管理手段，使天然水资源能为人类发展服务的有关活动的总称，包括认识水、控制水、保护水、管理水和利用水。水资源在未开发前，虽然和其他资源一样具有使用价值，但其使用价值是潜在的。只有通过开发利用，才能转变为现实的使用价值，才具有真正的价值。

认识水的基本规律是取得水资源开发利用良好效果的基础；控制水的时空分布是兴水利除水害的基本手段；保护水免受污染是充分利用水资源、维护良好生态环境的必要条件；管理水是实现综合用水和不断提高经济效益的保证；利用水是满足工农业生产和人民需求的基本目的；水资源开发利用的最终目的是要达到人与水之间的协调。因此，水资源开发利用的过程和目的可以表述为：人们对自然状态的水，运用科学方法和技术措施，进行有目的、有步骤的控制与管理，使其在水量、水质、水能和水体形态（水位、水温、流速等）上满足社会经济发展和人民生活需求的全部过程。

水资源开发利用的历史伴随着人类文明的发展。公元前 3500 年，古埃及人用水位计量测河流变化规律；公元前 3000 年，尼罗河上修建了水坝；前 486 年，沟通长江与淮河的邗沟工程建成；公元前 256 年，我国都江堰建成。

在近代，随着社会经济的发展和科学技术的不断进步，水资源开发利用开始由过去单一的水运、灌溉、供水、排水、防洪等开发，向以流域或河流为单元的水力发电、灌溉、防洪、供水、跨流域调水等综合开发利用转变。1802 年，美国陆军工程师团成立，标志着人类进入水资源规划的新阶段；1807 年，美国出现了第一个水资源综合规划报告，从此改变了单纯为了航运进行开发的历史；1882 年，美国建成第一座水电站 Wisconsin，开始进行水能开发利用；1913 年，美国进行了大迈阿密河流域的土地利用与防洪规划建设。

我国大江大河治理始于 1955 年，1986 年进行了全国水资源评价和水资源开发利用规划，并于 1990 年提出了全国流域综合治理与开发利用规划。1998 年长江、松花江发生特大洪水后，又进行了全国防洪规划。1999 年全国开展了大型灌区续建配套与节水改造规划，2000 年进行了全国乡镇供水发展规划和城市水资源规划，2001 年进行了全国水资源保护规划，2002 年进行了全国水资源综合规划，2006 年进行了流域综合规划修订等。现在，正围绕国家水生态文明建设与乡村振兴等战略，实施农业节水、最严格水资源管理、河湖长制、水污染防治与水生态修复等众多重大工程建设，水资源的节约保护与绿色高效利用将是未来关注的重点之一。

迄今，我国已建成各类水库 98002 座，总库容 9323 亿 m^3。其中，大型水库 756 座，总库容 7499.85 亿 m^3；中型水库 3938 座，总库容 1119.76 亿 m^3。已建（含在建）水电站 46758 座，装机容量 3.33 亿 kW。过闸流量超 $1m^3/s$ 的水闸 268476 座，其中，大型水闸 860 座，分洪闸（进水闸）7919 座，排涝闸（退水闸）17198 座，挡潮闸 5795 座，引水闸 10970 座，节制闸 55137 座。泵站 424451 座，农村供水工程 5887.46 万处，塘坝窖池 456.51 万处，江河堤防 413679km，灌溉面积 10.02 亿亩。此外，还修建了南水北调东线与中线、江水北调、东深供水、引滦入津、引青济秦、引黄入卫、引黄济青、引碧入大、塔里木河调水等引调水工程。

全国2017年总供水量6043.4亿m^3，其中，地表水源供水量4945.5亿m^3，占总供水量的81.8%；地下水源供水量1016.7亿m^3，占16.8%；其他水源供水量81.2亿m^3，只占总供水量的1.4%。全国总用水量6043.4亿m^3，其中生活用水838.1亿m^3，占总用水的13.9%；工业用水1277亿m^3，占21.1%；农业用水3766.4亿m^3，占62.3%。

所有这些，极大地缓解了我国水资源紧张状况与生态退化情势，提高了防御洪涝干旱等灾害的能力以及灌溉、供水、发电、航运等综合效益。预计到2050年，我国城镇化率将达到60%，人均水资源量将进一步减少到1760m^3，需水总量将达到7300亿m^3左右，人均需水约为457m^3，农田灌溉面积要达到9亿m^3，水资源开发利用情势将更加严峻。

如何应对气候变化与强人类活动对水资源的影响，适应国家高质量绿色发展需求，进行“节水优先”“生态保护”下的水资源开发利用保护规划设计与建设管理，则是今后需要研究解决的首要问题。

1.2 农业水资源

1.2.1 农业水资源概念

农业水资源是自然界中的水资源可用于农业生产中的农、林、牧、副、渔各业及农村生活的部分。它主要包括被植物截留的降水有效利用量，但因其总量仅占全年降雨量的2.5%左右，通常被忽略；可被旱地作物直接吸收利用的土壤水；通过水利工程设施而得以为农业所利用的地表水量和地下水量，但地表水、地下水只有被转化为土壤水后才能被作物利用；生活污水和工业废水，经过必要的净化处理，也是一种重要的农业用水水源。

农业水资源只限于液态水。气态水和固态水只有转化成液态水时，才能形成农业水资源。叶面截留的雨露水和土壤内夜间凝结的水分都可为作物利用，但其量甚微，在农业水资源分析中有时也可不予考虑。

降水对农田是一种间断性的直接补给，也是农业水资源最基本的部分。在我国，年降水量大于800mm的湿润带，主要是水稻产区，除降水直接提供作物生长需水外，仍需发展灌溉，在时间上补充雨水的不足。在年降水量为400～700mm的半干旱、半湿润带，主要是小麦、棉花等旱作物产区，降水量多集中在7—8月，需调蓄汛期雨水所形成的地表径流，以供旱期灌溉之用。西北干旱地带的年降水量为200mm，在这类地区没有灌溉就没有农业，须依赖于蓄水、引水或提水工程，以供给农业用水需要。在年降雨量200～400mm的半干旱地带，而又缺乏人工灌溉条件的地区，只有依靠雨水，发展旱作农业，有效地利用雨水对这类地区的农业生产具有决定的意义。

地表水主要是河川湖泊径流，江河在其水文动态许可范围内可为沿程提供农业用水。江河中下游平原是农业用水集中的地区，常需在河道上游修建蓄水工程，以调节水资源在时空上的不均衡，或在河道上筑坝引水，建闸建泵提水，以弥补雨水不足或不及时。必要时还可实施跨流域调水，以调剂流域间水资源的不平衡。但是，江河湖泊的地表径流，可为国民经济各种用水部门提供水源，并不是全部水量都可构成可利用的水资源，如为了维护河道生态平衡，必须有一部分河道径流输入海洋的生态环境用水；水源开发工程虽可进行年内及年际调蓄，但在汛期内也常产生无法调蓄的弃洪水。因此，江河湖泊中可利用的水资源只是径流总量的一部分，而农业可用水资源又只是可利用水资源量中的一部分。

地下水包括丘陵山区的泉水、基岩裂隙水、冲积平原地区的浅层地下水、南方喀斯特地区的岩溶水，是农业水资源的另一来源。开采地下水，综合调度水资源，应在一个丰、枯水文周期内保持地下水采补平衡。农业用水应以开采浅层地下水为主，深层地下水只能作为应急备用水源。

农业水资源的规划调度应在各用水部门综合规划平衡、合理安排农业结构的基础上，充分利用有效降雨量，发挥土壤的调蓄作用，积极开发利用地表水和合理开采地下水，统筹安排，发挥水资源的最大效益。

1.2.2　农业水资源开发利用

我国水资源总量虽占世界第 6 位，亩均耕地占有水量仅 1750m^3，约为世界平均值的一半左右，这些水还不能完全用于灌溉，因此，我国灌溉水源并不丰沛，在地区上的分布也极不均衡。南方长江以南各河流域，年径流量占全国总量的 82%，但耕地只占全国总耕地面积的 38%；而华北、东北、西北广大地区耕地占全国总耕地面积的 62%，但年径流量仅占全国总量的 18%，其中黄河、淮河、海河三大河流域，年径流量只占全国总量的 6.6%，但耕地却占全国总耕地面积的 40%。这种不均衡情况，给农业生产的发展带来很大影响。把自然水资源时空变化与农业耗用水的动态变化相协调，在充分利用降水与土壤水的前提下，通过农田水利工程设施调节利用地表水、地下水，使其成为可利用的农业水资源，是农业水资源开发利用的基本任务。

1949 年后，我国进行了大规模农田水利建设。2014 年总灌溉面积 7065.17 万 hm^2，其中，耕地灌溉面积 6453.95 万 hm^2，林地灌溉面积 222.87 万 hm^2，果园灌溉面积 237.62 万 hm^2，牧草灌溉面积 109.24 万 hm^2，其他灌溉面积 41.48 万 hm^2。到 2015 年年底，全国农田有效灌溉面积达到 9.88 亿亩，建成各类水库 9.8 万座、大中型灌区 7700 多处、小型农田水利工程 2000 多万处，灌排泵站 42.4 万座，排涝面积 3.25 亿亩，全国粮食产量达到 62143 万 t，解决了 2.73 亿人的饮水困难问题，农村集中供水人口比例达 82%，农村自来水普及率达 76%，供水保证程度和水质合格率均大幅提高，极大地保障了国家粮食安全与农村饮用水安全。

雨水利用是一种综合考虑雨水径流污染控制、防洪排涝以及生态环境的改善等要求，建立包括雨水集蓄系统、雨水截污与渗透系统、生态小区雨水利用系统等，将雨水用作绿地、经济林、旱作灌溉，喷洒路面，蓄水冲厕等城市杂用水的雨水收集利用技术，是水资源可持续利用的重要措施之一。但是，降雨随季节而变化，年际变化大，时间上分配极不均衡，与作物生长需水并不完全一致，这使降雨的时间分配与灌溉的需求不尽适应，特别是干旱与连续干旱年份，水量不足对农业生产的影响极大。

为了避免对单纯依靠天然降雨为水源的农业产生不利影响，近来拓展了现代“雨养农业”的内涵，包括人工汇集雨水，实行补偿灌溉的农业生产类型，主要是靠当地降雨形成的径流蓄积小型工程，利用一定雨水量湿润农田，补偿农田水分不足，灌溉水量较小，适用于半干旱或半湿润易旱区，也可用于雨量充沛的湿润地区。但它与灌溉农业不同，灌溉农业（特别是干旱区）是作物全生育期都靠灌溉，且灌溉水源主要靠地表水或地下水等外来水源，一般都建有大、中型工程水源和灌溉区域。随着干旱加剧和农业灌溉用水在整个水资源分配中的比例减少，雨养农业在未来农业中的地位将越来越重要。

为有效利用雨水资源，协同解决防洪排涝与水资源高效环保利用、场地尺度的干预累积会给更大尺度景观产生影响等问题，人们提出了“水敏感规划和设计”的概念，旨在通过规划和设计达到生态完整性，充分考虑水这一因素，使每个场地的水循环尽量不受到影响。水敏感实践领域包括低冲击雨水利用开发、湿地休闲公园、滨水缓冲区规划等。近些年来，在澳大利亚兴起了水敏感城市设计（WSUD）研究，综合了最佳管理实践（BMP）和最佳规划实践（BPP）的优点，使城乡雨水利用与景观设计结合并使之优化。

现在，“节水优先”已成为新时期的重要治水理念。为大力推动全社会节水，全面提升水资源利用效率，形成节水型生产生活方式，保障国家水安全，促进高质量发展，2018年制定的《国家节水行动方案》。方案中提出：到2022年，创建150个节水型灌区和100个节水农业示范区；到2035年形成健全的节水政策法规体系和标准体系，全国用水总量严格控制在7000亿m^3以内。

然而，我国农业水资源开发利用容易受到政策、体制、机制等因素的影响。新中国成立以来，农业用水总体呈现出“持续增长—缓慢下降—缓慢上升—基本稳定”的趋势。1949年我国农业用水总量为1001亿m^3。受“水利是农业的命脉”“土地承包制”等影响，1949—1996年农业用水量持续增长，1997年农业用水达3920亿m^3，农业用水占总用水量的97.1%。1998年进行灌区续建配套与节水改造后，2003年农业用水减少到3433亿m^3。2004年实行以“取消农业税、工业反哺农业”为主要内容的农业新政后，农业用水缓慢上升，2012年达到3902.5亿m^3。2015年，提出“节水优先、空间均衡、系统治理、两手发力”的治水方针后，2017年农业用水下降至3766.40亿m^3，约占总用水量的62.32%；全国农田灌溉水有效利用系数达到0.545。

总体来说，我国农业用水总量较大，效率不高，资源性缺水、工程性缺水与水质性缺水并存，水资源供需矛盾尖锐。我国各地农业水分生产率不足1.5kg/m^3，远低于2kg/m^3的世界先进水平。农业水污染严重，大量化肥和化学农药残余部分储留在土壤、水体及大气环境中，造成了对农业资源和生态环境的污染。被污染的河流水用于灌溉，对土壤环境产生严重的不良影响，影响了农产品质量。农业用水基础设施中“重建设、轻管护”的现象较为普遍，农业水利工程设施产权不明，监测和管理手段薄弱，建后管护责任和措施不到位，管护资金不落实等问题依然突出。

到2030年要基本实现灌溉现代化，全国灌溉用水量控制在3730亿m^3，农田有效灌溉面积达到10.35亿亩，节水灌溉率达到74%，农田灌溉水有效利用系数提高到0.6以上，单位灌溉水粮食产量超过1.60kg。强化节水、建设现代灌溉农业和现代旱作农业体系，是当前和今后一个时期提高农业水资源效率、保障10亿亩高标准农田建设的重要任务。所以需要不断转变灌溉发展方式，以自然资源与生态区划为基础，视“山、水、田、林、湖、草”为同一个生命共同体，建立农业水资源的利用与保护体系，制定区域性政策法规，推动农业水权制度改革，构建动态细分的水权交易机制，开展水资源监测，支持节水灌溉技术研发，实施水资源绿色保护工程，对农业水资源进行分区规划管理，实现农业水资源的绿色开发与高效利用，提高灌溉发展水平。

1.3 农业水资源学理论体系

1.3.1 水资源学科发展

水资源学科是一门融合自然资源、工程技术和社会经济的综合性应用学科。

20世纪50年代以来，全球经济发展和人口大幅度增长，导致水资源问题日益突出，人们对水的高效、合理、永续利用有了新的认识，逐渐把水资源作为主体进行专门研究，并提到全球性的议事日程上来。1965年，美国通过“水资源规划法规”，同时成立了水资源理事会，负责协调联邦政府各部门有关水资源的规划、管理和开发工作，并定期进行全美范围的水资源评价活动。1972年，美国周文德教授倡议成立国际水资源协会，活动范围涉及水资源的规划、开发、保护和管理等各方面的科学技术问题，包括水资源的基础理论、评价、规划、设计、施工、运行管理、水旱灾害防治、河流整治等专题研究，逐渐形成了以水资源评价、规划、开发、利用和保护等为核心的水资源学科体系。水资源系统的模型化与最优化、计算机模拟与仿真、多目标规划与决策等系统分析技术，得到了快速发展和广泛应用。

20世纪90年代，由于社会经济飞速发展，水资源短缺和水污染形势越来越严峻，水资源开发利用与水资源保护之间的协调研究开始引起人们的重视。1992年都柏林宣言、里约热内卢联合国环境与发展大会等，都将水资源开发利用的合理性和可持续性作为水资源活动的衡量标准。人们开始综合运用工程学、环境学、生态学、经济学、管理学、社会学、系统学等相关原理和方法，从资源利用、环境保护、经济增长、社会发展之间的相互依存与相互制约的定量关系入手，建立水资源学科独立的研究方法与体系。

进入21世纪，气候变化与强人类活动下的水安全、粮食安全与生态环境安全备受关注，水—粮食—能源—环境互馈关系及其大数据分析、智慧灌溉等成为全球新的研究热点，水资源优化配置与高效利用、节水减排与生态环境需水、水资源综合管理与水权交易、水资源调度与预报预警等，为水资源学科发展不断注入新的内涵，成为未来水资源学科发展的重要方向。

1.3.2 水资源学科内容

水资源学科是研究降水、地表水、地下水（简称“三水”）等水资源形成、转化、循环、演变及其评价、配置、开发、利用、节约、保护的科学，直接对象是水资源及其相关水库、水电站、泵站、水闸、渠系、管道、水厂等工程设施与工农业等生产、城乡等生活、河湖湿地等生态用户。它涉及三方面研究内容。

（1）不同时空尺度水资源规律的基础与应用基础研究，包括农田、灌区、流域、地区乃至全球等不同空间尺度和多年、年、季、月、日等不同时间尺度的降水、地表水、土壤水、地下水（简称“四水”）等的形成、转化、循环和演变规律研究。科学认识气候变化与人类活动下的水资源动态过程，从中发现从一个水资源系统向另一个水资源系统转化的界面过程及其物质能量交换关系，成为现代水资源转化过程研究的热点问题。

（2）水资源开发利用过程中的应用基础与应用研究，包括水库、水电站、泵站、闸坝等水资源工程绿色开发模式及其多目标调度、综合利用方式、管理体制与运行机制等的研究。它是为了满足人类生存和发展需求，以不同时空尺度的水资源规律认识为基础，而采取的一切涉水活动，如地表水、地下水等多水源开发利用，雨洪水与劣质水利用，农业需水与节水灌溉，水资源优化配置与水权交易，高效用水与结构优化，供水安全与跨区域、跨流域引水，多水库联合调度，海水淡化，新型节水器具与技术的发明推广等。人类社会对区域水资源开发利用的方式，一直是人们研究的重点。

（3）水资源系统与社会经济系统、生态环境系统三者互馈关系研究，包括水资源的适应性、脆弱性与敏感性，生态需水，环境容量，水资源承载能力，水—粮食—能源互馈关系等。它既强调水资源系统与社会经济系统、生态环境系统三者之间的关联性与动态平衡，又关注气候变化与人类活动对水资源—社会经济—生态环境复合系统影响的复杂性。可持续的水资源系统，必然要符合“适者生存”的进化论观点，又要适用于“增长极限”的经济学原理。

1.3.3 农业水资源学

农业水资源学是水资源学的重要分支，主要研究农业生产活动中降雨、地表水、土壤水、作物水、地下水（简称“五水”）相互转化、消耗、运移、演变的过程，及其评价、利用、调配、预测和调控规律。与传统水资源学相比，农业水资源学更加关注农业生产过程中的灌溉供水、田间用水、作物耗水、农田排水过程及其灌溉用水效率，强调以田间土壤水资源为核心的“四水”甚至“五水”转化、运移、演变规律，突出田间水管理与渠系输配水管理，节水灌溉与非常规水利用，水库、湖泊、塘坝等地表水源与地下水源的联合利用调控。

农业水资源学既是水资源学科的重要组成部分，也是农业水土工程学科的重要组成部分。涉及农业、水利、资源、环境、生物、生态、管理等多学科交叉，具有基础与应用基础学科、应用学科和综合学科的特征。其中，基础与应用基础学科研究主要表现在不同自然环境与农业生产条件下，农田、灌区和流域等不同区域尺度和年、季、月、日等不同时间尺度的“三水”“四水”“五水”转化、消耗、运移、演变机制及规律，影响不同时空尺度农业耗需水的主控因子及其与降雨、地表水、土壤水、地下水的相互关系，不同土地利用下灌区产汇流及其高效利用机制等方面；应用学科研究涉及降雨、地表水、土壤水、地下水、农田排水等劣质水的灌溉利用模式，多水源联合调控机制，库（湖）、塘（坝）、闸（站）、渠系（管道）联合优化配水技术等；综合学科研究包括水肥一体化与农田水管理、灌溉效率与水足迹、生态灌区与农业面源污染、灌溉排水与旱涝灾害防治、灌区信息化与自动化、农业水价与水权交易等。

农业水资源学具有相对独立的学科基础。与水资源学一样，水文学是农业水资源学的理论基础。但农业水资源学更加强调通过野外和室内实验，认识农田和灌区等不同尺度水转化过程各环节中水的运动和变化规律，如土壤入渗规律、土壤水运动规律、农田排水形成规律、土壤和水面蒸发规律，以及农业生产活动的水文效应等；特别重视水分—土壤—植物系统中与作物生长有关的水文问题，尤其是作物腾发量和土壤水的运动规律；强调灌排工程的水利计算、多水源联合利用、灌溉水分配规律、农田灌溉水管理等，为灌区规划和农作物增产提供水文依据。因此，它与灌溉排水工程学有某种天然的联系。通常，一个地区的灌溉排水工程体系结构，决定了农业水资源学研究的边界、范围、对象与内容；但农业水资源学更加关注农作区的灌溉排水资源环境属性，强调作物耗需水过程与降雨过程、灌溉水分配过程、农田排水过程的耦合作用，降水、灌溉水、土壤水及排水等资源的合理配置与高效利用，为灌排工程的合理布局与优化设计提供水资源依据。

1. 研究内容

农业水资源学回答的主要问题，是农业生产条件下水资源如何变化与适应，并与气候变化、社会发展、生态环境保护相协调。随着21世纪水资源与土地、能源等自然资源的日趋紧缺，水—粮食—能源互馈关系及其生态环境响应，成为国际水科学的前沿研究热点，农业水资源规划与管理面临更多挑战。具体表现在以下几个方面：

（1）水资源供需矛盾加剧，需要水资源与土地、能源等自然资源的统一规划和管理，包括水质和水量、水位、水流、水生物等多要素，降水、土壤水、地表水和地下水等多水源，工农业等经济用水与生态用水等多用途，灌溉、供水、发电、航运、养殖、旅游等多目标，流域上下游、左右岸等多地区，取水、输水、供水、用水、耗水、排水等多过程，统筹规划，优化配置，节约保护，综合利用。国家近期不仅新组建了自然资源部，还制定了节水行动方案，这为解决资源短缺条件下的水资源高效合理利用问题，创造了体制机制条件。

（2）粮食安全与农业面源污染防治，需要把农业水资源规划管理与科技进步、经济发展、环境保护等相结合，创新农业水资源规划与管理的原理、方法、技术、标准与制度等，以水、土资源的安全、高效、可持续利用保障粮食安全，支撑社会经济的绿色高质量发展。

（3）气候变化与人类活动对农业水利的影响，需要农业水资源规划管理与气候水文学、工程学、农学、环境学、经济学、管理学、生物学及信息技术等的交叉融合，不断发展农业水资源绿色高效利用技术，挖掘农业节水潜力，提高农业用水效率。

2. 体系特色

随着水文学、水资源学、工程学、农学、经济学、信息技术、社会学、环境学等学科领域的快速发展，农业水资源学理论体系逐步形成，并逐渐展现出自己的特色。

（1）在研究对象上，包括一切作物、农田、灌区、地区、流域甚至跨流域涉农水事活动的取水、输水、配水、用水、耗水、排水及其节水、再生利用等过程。

（2）在研究内容上，除涉及传统水资源学的降水、地表水与地下水运动及其转化、循环、演变等规律研究外，重点研究农业耗水与土壤水分运动机理及其影响因子、变化规律，强调及时保障作物高效耗水及其田间适宜土壤水分状况的灌溉制度优化、灌水技术选择、输配水设计、多水源调配、灌溉效率评估等。除传统地表水和地下水资源评价、规划、配置、调度、管理外，还包含有土壤水、降水、农田排水、微咸水、中水等非常规水资源利用，农业需水预测，农业节水潜力与管理等。

（3）在控制工程上，涉及农作区内喷灌、滴灌、微灌等各种节水灌溉工程，明沟、暗管等排水控制工程，以及各种水库（湖泊）、塘坝、闸站、灌排渠（沟）系等蓄水、拦水、取水、输配水、节制与分流工程等。

（4）在研究方法上，除水资源学常用的原型观测、数值模型外，还涉及田间与室内灌溉排水试验，将传统水文水资源学中重点关注的地表水过程和地下水过程，扩展到大气水过程、土壤水过程和植物水过程，保证了水循环过程的整体性及其各环节的有机联系。以绿色、高效、节水、增产、减排、控盐、防灾等为目标，通过农业用水预报与节水灌溉等技术运用、闸站自动控制等有机结合，进行灌溉水多水源调度、灌溉水分配、农田灌溉用水、排水及其再生利用等全过程调控，弥补了传统水资源学只重视原水调度与分配的不足，实现了自然水循环过程与社会水转化过程的有机结合，有利于保护水资源，提高水资源利用效率。

3. 发展趋势

农业水资源学作为一门新生科学，今后的发展趋势为：

（1）综合化，即应用系统观点综合研究农业水资源高效利用，借助规划与管理使水资源利用达到最佳综合效益。

（2）生态化，即应用生态学观点研究农业水资源利用与非点源污染防治，使水资源经济化、生态化、景观化，协调经济发展、生态环境与水资源开发、土地利用之间的关系，保持“山、水、田、林、湖、草”生命共同体协同发展，促进农业水资源绿色、高效、可持续开发利用。

（3）社会化，即应用社会学原理来研究“农业、农村、农民”问题，研究粮食生产与水资源可持续利用的关系，以水资源的优化配置与高效利用，实现乡村振兴和“公平与效率”。

（4）信息化，即应用天—地—空等多种计量方法对农作区供水—用水—耗水—排水等过程高精度监测，感知预报农业水转化及其资源利用的过程、特征、参数，智慧保障有限水资源的高效利用与精准灌溉。

为保障粮食安全，实现农业水资源的安全、高效和持续利用，今后必须围绕人类发展进程中所面临的重大实践需求，深入研究农业耗水与增产潜力，水资源评价与价值，水资源配置与调度，多水源利用与节水，用水效率和管理等。农业需水管理与节水新技术，水资源调控与管理新方法，集气候、经济、环境、生态、水文与水资源于一体的农业水管理模型，农田排水安全与灾害防治，水土环境保护与修复，农业水资源的脆弱性与敏感性，农业用水效率与多因素协同提升等，将是未来农业水资源研究的热点问题。

为了适应未来发展需求，“农业水资源规划与管理”本科教学，重点安排以下内容：绪论，水资源评价，土壤水资源利用，地下水资源利用，地表水资源利用，多水源联合利用，水资源管理等。

思　考　题

1. 简述农业水资源的组成与特性。

2. 我国农业水资源开发利用存在哪些主要问题？产生这些问题的主要原因是什么？

参　考　文　献

[1] 陈家琦，王浩．水资源学概论 [M]. 北京：中国水利水电出版社，1996.

[2] 王浩，王建华，秦大庸，等，现代水资源评价及水资源学学科体系研究 [J]. 地球科学进展，2002，17 (1).

[3] 王浩，严登华，贾仰文，等，现代水文水资源学科体系及研究前沿和热点问题 [J]. 水科学进展，2010，21 (4).

[4] 邵东国．水资源复杂系统理论 [M]. 北京：科学出版社，2012.

第2章　水 资 源 评 价

2.1　水资源评价原则与内容

2.1.1　水资源评价基本概念

水资源评价是指对某一地区（或流域）水资源的数量、质量、时空分布特征、开发利用条件、开发利用现状和供需发展趋势作出的全面分析评价。水资源评价是开展水资源规划、开发、利用、管理和保护等工作的基础和前提，也是国民经济和社会发展规划的重要决策依据。

2.1.2　水资源评价原则

1. 合理利用原则

以供水为目标的水资源评价，主要研究地表水和地下水的补给来源、储存条件、转化关系、水质状况、时空分布规律，分区估算水资源总量和可利用水量等。农业区水资源评价，还应着重研究大气、地表、地下和土壤水的转化，为合理制定灌溉定额和灌溉制度、规划节水灌溉技术提供依据。

2. 高效利用原则

注重资源的高效利用，投入与产出比例，经济效益，对节水灌溉而言，就是要提高水的利用率和水分生产率。

3. 可持续利用原则

要合理计算各种水资源的数量，确定经济合理的可供水量，流域水资源的涵养和合理开发强度，保证环境生态用水量，以达到水资源可持续利用的目的。

4. 动态评价原则

自然界中的各种水资源是相互转化的，在开采条件下往往更加明显与强烈。因此，在有可能截取地表水的地区进行水资源评价时，既不能用天然补给量作为评价地下水资源的唯一依据，也不能将地表水（含过境水）、地下水简单叠加。须全地区乃至全流域统一考虑，用系统的、动态的观点对水资源作全面分析和计算，考虑开采条件下的一切可能出现的补给量（包括复渗量），才能得出比较可靠的评价结论。此外，丰水年、平水年和枯水年等不同年份的水资源量和开采条件差别很大，要通过调节计算得到多年平均水资源量及其分配。

5. 因地评价原则

各地气象、水文地质条件、供水目的差异很大，要采用当地的参数和因地制宜的开采方案，分山丘区、山区、平原区实事求是地评价水资源量。

6. 因水评价原则

不同类型的水资源存储、运动和计算方式不完全一致，一般需要按地表水、浅层地下水、深层地下水分类进行评价。

2.1.3 水资源评价内容

区域水资源的分析与计算，有时涉及一个流域或地区，也可包括多个流域或地区，但其主要内容一般包括以下几个方面：

（1）基本资料的收集、整理与分析。选择代表站资料序列，对径流资料进行还原计算，对降雨、径流资料进行插补延长和系列代表性分析等。

（2）降雨量和蒸发量的分析。包括分区、点面分析、平均值计算、频率分析、历史洪涝旱灾特殊年分析等。

（3）河川径流量的分析。一般应采用水文站实测径流资料。在区域水资源平均时，一般需要计算多年平均及不同频率的河川径流量，并分析其年内分配与多年变化规律，为地表水资源和水资源总量的计算提供依据。

（4）地下水资源计算。一般应根据地形地貌和水文地质条件，划分不同的单元，分别分析地下水补给来源和补给量，根据采补条件计算地下水资源量和可供水量。地下水资源是指在一定有代表性的水文周期内、在一定的技术经济条件下、可补给利用的地下水资源。主要是与地表水体有紧密联系的浅层潜水。

（5）工程调蓄能力分析。包括水库及用水枢纽的调节引蓄能力，当地小型塘堰的引蓄能力。工程调蓄能力分析是评价地区可供水能力的基础。

（6）水资源总量计算。一般应进行分区计算。在河川径流、地下水资源和当地径流量分析的基础上进行。注意分清水资源量来源，扣除重复计算量。还要进行不同区域的水资源计算成果的合理性检查。

（7）水质评价。主要查明区域水体污染源、主要污染物、污染程度及其时空变化规律，预测水质污染变化趋势，为水资源保护和水污染防治提供依据。

（8）水资源区划。在水资源量及其组成分析计算的基础上，对较大面积的区域，可分区统计能够反映水资源时空分布的若干指标并进行分析，以反映各区水资源的差异性和同一区的水资源相似性，为分区研究水资源特性和制定合理的开发利用方案提供依据。

（9）水资源供需分析。这是水资源分析、计算、评价的最终目标。旨在计算水资源的可利用量，分析水资源开发利用现状，进行不同代表年、不同发展阶段需水量的预测和余缺水平衡计算等，揭示区域内水资源供需矛盾，探讨开发利用潜力与途径，为水资源合理开发利用和科学管理提供科学依据。

（10）水能资源评价。主要计算分析河流理论水能蕴藏量及其技术经济可开发量等。

2.2 水资源量评价

2.2.1 地表水资源量评价

地表水是河流、冰川、湖泊、沼泽等水体的总称。区域的地表水主要由降雨补给并以蒸发和径流的形式流出。地表水资源量指河流、湖泊、冰川等地表水体中由当地降水形成的、可以逐年更新的动态水量，一般用天然河川径流量表示。降水、蒸发和径流在数量上存在一定制约关系，在多年平衡条件下，三者关系可由下式表示：

$$P=R+E \tag{2.1}$$

其中 P 表示降水；R，E 分别表示径流和蒸发。大气降水是地表水的主要补给来源，在一定程度上能反映水资源的丰枯情况。因此，在地表水资源评价活动中，除要计算评价区的年径流量外，还要计算分区的年降水量，以检查地表水资源评价成果的合理性。

2.2.1.1 降水量计算

降水是陆地水资源的唯一来源。一定区域的降水总量，既是一个流域或自然封闭地区水资源最大可能的极限值，也是水资源计算中不可缺少的基础资料。降水量主要依靠雨量站、气象站、水文站逐日、逐月、逐年实测降水量进行统计计算。通常，由观测站测到的降雨量称为点雨量，一般要从各点雨量值推求流域平均降雨量。计算方法有以下几种。

1. 算术平均法

当流域内雨量站分布较均匀，地形起伏变化不大时，可用各雨量站同时段降雨量之总和除以雨量站数，即为该时段流域平均降水量，即

$$\overline{X}=\frac{\sum_{i=1}^{n}x_i}{n} \tag{2.2}$$

式中：$\overline{X}$ 为计算区平均降雨量；x_i 为第 i 雨量站的雨量；n 为统计雨量的站数。

2. 垂直平均法

当流域内雨量站分布不太均匀时，为了更符合实际，假定流域各处的降雨量可由与其距离最近的雨量站代表。因此，可先用直线连接相邻的雨量站，成为很多个三角形；然后在各条连线上作垂直平分线，这些垂直平分线将流域分为 n 个部分，各部分正好有一个雨量站。显然，每个部分包含那一个雨量站距离该部分面积上的任何一点最近。该法也称为泰森多边形法。

设 P_1，P_2，…，P_n 为各雨量站观测的雨量值，F_1，F_2，…，F_n 为各站所在的部分面积，F 为流域面积，流域平均降雨量可由下式计算：

$$\overline{P}=\frac{P_1F_1+P_2F_2+\cdots+P_nF_n}{F} \tag{2.3}$$

3. 等雨深线法

若流域内雨量站较多，能绘制出雨量等值线图时，也可用等雨深线法计算流域平均降雨量。计算式为

$$\overline{P}=\frac{1}{F}(P_1F_1+P_2F_2+\cdots+P_nF_n)=\frac{1}{F}\sum_{i=1}^{n}P_iF_i \tag{2.4}$$

式中：F_i 为相邻两条等雨深线间的面积；P_i 为 F_i 上的平均雨深。

2.2.1.2 蒸发量计算

蒸发是影响水资源数量的重要水文要素，其评价内容应包括水面蒸发量、陆面蒸发量和干旱指数。

1. 水面蒸发量

水面蒸发量主要反映当地大气蒸发能力，其值的大小主要受气温、湿度、日照、辐射、风速等因素的影响。水面蒸发量分析计算应符合下列要求：

（1）选取资料质量较好、面上分布均匀且观测年数较长的蒸发站作为统计分析的依据；选取的测站应尽量与降水选用的站相同；不同型号蒸发器观测的水面蒸发量，应统一换算为E-601型蒸发器的蒸发量。其折算关系为

$$E=\varphi E' \tag{2.5}$$

式中：E为水面实际蒸发量；E'为蒸发器观测值；φ为折算系数。

（2）计算单站同步期年平均水面蒸发量，绘制等值线图，并分析年内分配、年际变化及地区分布特征。

2. 陆面蒸发量

陆面蒸发量主要指某一地区或流域内河流、湖泊、塘坝、沼泽等水体蒸发、土壤蒸发及植物蒸腾量的总和，反映流域或区域实际蒸发量。陆面蒸发量常根据水量平衡原理，采用闭合流域同期平均年降水量与年径流量的差值来计算。对任意时段的区域水量平衡方程有如下基本形式：

$$E_i=P_i-R_i\pm\Delta W \tag{2.6}$$

式中：E_i为时段内区域陆面蒸发量；P_i为时段内区域平均降水量；ΔW为时段内区域蓄水变化量。

3. 干旱指数

干旱指数γ是反映气候干湿程度的指标，以年水面蒸发能力E_0与年降水量P之比表示，即$\gamma=E_0/P$。

根据干旱指数来分析各地的湿润和干旱程度。当蒸发能力超过降水量时，即$\gamma>1.0$时，说明该地区偏于干旱，蒸发能力超过年降水量愈多，即γ愈大，干旱程度就愈严重；反之$\gamma<1.0$时，说明该地区气候湿润。

2.2.1.3 径流量计算

地表水资源的主要形式是河流水和湖泊水等，由大气降水、冰雪融水和地下水补给，以河川径流、水面蒸发、土壤入渗等形式排泄，常用多年平均河川径流量来表示。计算方法有：代表站法、等值线法、年降水-径流函数关系法等。

1. 代表站法

代表站法是指在研究区内选择有代表性的测站，计算其多年平均径流量与不同频率的径流量，然后采用面积加权法或综合分析法把代表站的计算成果推广到整个研究区的方法。在计算区域内，如果能够选择一个或几个基本能控制本区域大部分面积、实测径流资料系列较长、精度满足要求的代表性水文站，且区域内上、下游自然地理条件比较一致，可用代表性水文站年径流量按面积比的方法，推求区域多年平均年径流，即

$$R=\frac{f_a}{f}R_f \tag{2.7}$$

式中：R为区域多年平均年径流量；R_f为代表站控制范围内的多年平均径流量；f_a、f分别表示研究区和代表站的面积。

如果区域仅有一个控制站，且上、下游的降水量差别较大，但下垫面却相差不大，这时可以用降水量作为权重来计算区域多年平均年径流量，即

$$R=R_a\left(1+\frac{P_bf_b}{P_af_a}\right) \tag{2.8}$$

式中：R 为区域多年平均年径流量；R_a 为控制站以上面积的实测径流量；P_a、f_a 分别为控制站以上面积的平均年降水量、集水面积；P_b、f_b 分别为控制站控制面积以外的平均年降水量、集水面积。

2. 等值线法

在区域面积不大且缺乏实测径流资料的情况下，或者是在有实测资料但区域面积较大且不能控制全区的情况下，用年或多年平均的径流深等值线法，推求研究区的年或多年平均的径流深，用这种方法推求年或多年平均径流深是可行的。

从径流等值线图上查出区域内的平均年径流深，乘以区域面积，来计算区域多年平均年径流量。有时，为了确保计算结果的可靠性，还可以用邻区有实测径流资料的相似流域，采用均值比法进行适当修正和验算。

3. 年降水-径流函数关系法

如果本区域有足够的年份的实测降水、径流资料或相邻相似代表区域有足够年份的实测降水、径流资料，可以建立年降水-径流函数关系。这样，就可以用年降水资料来推算年径流量。但这种方法需要根据大量的实测资料来建立降水-径流函数关系模型。通常可以采用下式数学模型：

$$R = A\mathrm{e}^{BP} \tag{2.9}$$

式中：A、B 分别为模型经验参数；P 为年降水量；e为自然对数的底。

在计算出地表水资源总量后，还应校核结果的合理性。利用区域水量平衡方程式，分析计算各分区水文要素的定量关系，揭示产流系数、降水入渗系数、地表蒸散发系数和产水系数、产水模数的地区分布情况，并结合降水量和下垫面因素的地带性规律，检查水资源总量计算成果的合理性。区域水量平衡方程式如下：

$$P = R_s + E_s + P_r \tag{2.10}$$

$$P_r = R_g + E_g + U_g \tag{2.11}$$

式中：P 为降水量；R_s为地表径流量；E_s为地表蒸散发量；P_r为降水入渗补给量；R_g为河川基流量；E_g为潜水蒸发量；U_g为地下潜水量。

2.2.2 地下水资源量评价

地表以下的水存储和运移在土壤及岩石的孔隙或裂隙中，当土壤孔隙没有被水充满且与大气连通，土壤中水分处于非饱和状态，称该土壤区域为非饱和带或包气带，称其中的水为土壤水；当水充满了土壤的全部孔隙（允许含有少许不连通的充气孔隙），土壤中的水分处于饱和状态，该土壤区域称为饱和带或饱水带，其中的水为饱和土壤水，即一般所指的地下水。地下水根据其是否承压可划分为浅层地下水和深层承压水两类。浅层地下水主要指埋藏相对较浅、与当地大气降水或地表水体有直接补排关系的潜水或与当地潜水具有较密切水力联系的弱承压水；深层承压水是指埋藏相对较深，且与当地浅层地下水水力联系微弱，充满于上下两个稳定隔水层之间含水层的地下水。地下水资源是指地下水中质和量具有一定利用价值且本身具有不断更新能力的水量。

地下水是在不断补给和消耗中形成和发展的。天然状态下，地下水补给和消耗处于不断变化的动态平衡中。进行人工开采后，地下水从原有的天然动态平衡向开采动态转化，达到开采条件下的新平衡。任何时段的地下水，均由补给量、排泄量和存储量组成。

地下水的补给量是指通过边界进入地下水系统的水量，包括大气降水入渗量、侧向地下水入流量、地表水入流量、其他含水层越流补给量以及人工回灌增加的补给量等。

排泄量包括河川基流量、河床潜流量、山前侧向出流量、未计入河川径流的山前泉水出露总量、潜水蒸发量等，在有地下水开发利用时，地下水的排泄消耗量还包括地下水的开采量。

储存量是指储存于含水层或含水系统内水位变动带以下的重力水体积。潜水层中，储存量的变化主要表现为水体积的变化；承压水层中，则反映在压力的增减引起水量的弹性储存或弹性释放，又称弹性储存量。由于储存量是在一定时期中逐渐积累起来的，不能作为评价地下水允许开采量的依据。

对于一个含水系统，任一时段的补给量与排泄量之差，永远等于该时段的储存量的变化量，即

$$Q_b - Q_p = \pm \mu F \frac{\Delta h}{\Delta t} \tag{2.12}$$

式中：Q_b 为未开采情况下的天然补给量；Q_p 为未开采情况下的天然排泄量。

在地下水资源补给、消耗等分项计算中，主要水文和水文地质参数有潜水变幅带给水度 μ、包气带降水入渗系数 α、潜水蒸发系数 c、渠系渗漏补给系数 m、田间灌溉入渗系数 β 和含水层渗透系数 K 等项。这些参数是计算地下水各项补给量和排泄量的依据，参数的分析和确定是一项重要的基础工作，一般需要用多种方法来综合确定各项参数。

2.2.2.1　主要水文地质参数计算与选择

提高水文地质参数的精度是地下水资源评价的基础。多年来，各部门虽然在不同地区进行过不同程度的地下水资源评价工作，取得了一定量的各种水文地质参数，但由于不同部门不同单位的工作目的不同，所得水文地质参数差异较大。水资源规划与管理中，需要在充分收集前人资料的基础上，对部分试验、水位观测、水文站测流、泉水流量等资料进行分析整理，采用多种方法分析计算参数，并对全区分析对比，合理取值，以便从数量和质量上提高水文地质参数的精度。

1. 降水入渗系数 α

它指降水入渗补给地下水量与降水量的比值，并随地形、植被、岩性、地下水埋深、降水形式和强度等因素而变化，见表 2.1。需要根据实际下垫面条件，利用水位动态、小区水均衡及少量试验站资料，采用水位升幅累加法、有效降水量法、有限差分法、小区域均衡法、排泄量反求法等方法计算降水入渗补给系数 α 值。

表 2.1　降水入渗系数

位置	地下水埋深/m	非饱和带岩性						
		黄土、黄土状土	黏土、亚黏土	亚黏土、亚砂土	亚砂土	粉细砂	亚砂土、砂砾石	砂砾石
北部地区	＜2		0.05～0.08	0.10～0.13	0.20～0.25			
	2～4		0.08～0.11	0.13～0.14	0.15～0.20			
	4～10		0.05～0.08	0.08～0.13	0.12～0.15		0.20～0.28	
	＞10						0.13～0.20	0.28～0.40

续表

位置	地下水埋深/m	非饱和带岩性						
		黄土、黄土状土	黏土、亚黏土	亚黏土、亚砂土	亚砂土	粉细砂	亚砂土、砂砾石	砂砾石
南部地区	<5	0.21～0.25	0.21～0.24	0.25～0.28	0.28～0.30			
	5～10	0.15～0.21	0.15～0.21	0.20～0.25	0.22～0.28	0.30～0.40		
	10～30	0.10～0.15	0.10～0.15	0.16～0.20	0.18～0.22			
	30～50	0.08～0.10	0.08～0.10					
	50～80	0.06～0.08						
	>80	0.03～0.06						
东部地区	<2		0.09～0.10	0.11～0.16	0.13～0.16			
	2～4		0.10～0.11	0.14～0.16	0.16～0.20	0.18～0.23		
	4～10		0.08～0.10	0.11～0.14	0.12～0.16	0.16～0.18	0.26～0.29	
	>10	0.03～0.08	0.05～0.08				0.19～0.26	0.30～0.40
西部地区	<2		0.02～0.07	0.07～0.11	0.12～0.15			
	2～5		0.07～0.10	0.11～0.13	0.15～0.18	0.18～0.21		
	5～10	0.01～0.05					0.22～0.24	
	>10							0.24～0.26

在侧向径流较微弱、地下水埋深小的平原区，根据地下水位升幅计算 α 值（当地下水位受侧向径流、河道渗漏或地下水开采影响时，应设法消除这些因素对计算地下水位升幅的影响）。在地下水开采量大、地下水埋藏深或已形成地下水漏斗的平原区，采用年水量平衡法分析 α 值。在部分黄土高原台塬阶地区和山间盆地平原区，地形坡度大，沟谷切割深，地下水以泉水和河道基流形式排泄，根据泉流量或切割的河川基流推求 α 值。在西北干旱地区，由于地下水埋藏较深，包气带土壤含水量较少，一年仅有几次较大降水对地下水形成补给，这时应分析对地下水有补给的降水所对应的有效降水入渗补给系数。淮河流域皖北平原应采用地下水动态分析法分别推求汛期和非汛期降水入渗补给系数。

2. 给水度 μ

它是含水层给水和储蓄能力的一个指标，数值上指在重力作用下，含水层水位下降一个单位时，单位体积含水层所释放出来的重力水的体积。给水度主要与岩石性质有关，见表 2.2。在开采和水位变化条件下，所取得的给水度值一般未达到完全给水度。因而在不同开采条件、不同水位埋深、不同疏干程度情况下的给水度值有一定差异，在进行地下水资源计算时应结合具体条件选用定值方法和数值。

表 2.2　　各种岩性给水度

岩性	给水度	岩性	给水度
黏土	0.02～0.035	粉细砂	0.07～0.10
亚黏土	0.03～0.045	细砂	0.08～0.11
亚砂土	0.035～0.06	中细砂	0.085～0.12
黄土	0.025～0.05	中砂	0.09～0.13
黄土状亚黏土	0.02～0.05	中粗砂	0.10～0.15
黄土状亚砂土	0.03～0.06	粗砂	0.11～0.15
粉砂	0.06～0.08	砂卵砾石	0.13～0.20

目前常用方法主要通过稳定、非稳定流抽水试验、地下水动态、疏干漏斗、水均衡等反求给水度，少数采用指示剂试验、均衡试验场试验及室内筒式渗水法求给水度。

在地下水开发程度低、侧向径流微弱、以蒸发排泄为主的平原区，一般用浅层地下水动态观测资料来估算给水度；在山前平原和山间盆地平原区，侧向径流较大，则采用有限差分法分析给水度；在开发利用程度较高、地下水埋深大、侧向径流及灌溉入渗影响较大的平原区，则根据实际开采量、灌溉入渗水量和侧向径流资料，通过地下水开采疏干法及多元回归分析方法推求给水度；在有水均衡试验区的平原区，则通过对试验区各项水均衡资料分析求得面平均给水度。

3. 渗透系数 K

渗透系数是地下水水力坡度等于 1 时的渗流速度。因受含水层岩性、颗粒级配与结构的影响，各地差异较大，因此，一般采用计算段实际抽水试验资料确定。表 2.3 是根据各流域片钻孔抽水试验资料统计和以往历次水文地质调查、勘查、勘探所得到的渗透系数值 K。

表 2.3　　不同岩性渗透系数

黏土	亚黏土	亚砂土	粉砂	粉细砂	细砂	中砂	中粗砂	含泥砂砾石	卵砾石
0.001～0.054	0.02～0.5	0.2～1.0	1～5	3～8	5～15	10～20	20～30	30～80	80～300

4. 田间灌溉入渗系数 β

田间灌溉入渗系数为田间灌溉入渗补给地下水量与灌溉水量的比值。受灌溉定额、非饱和带岩性、地下水埋深、灌前土壤含水量等因素制约，灌溉入渗补给系数 β 又分渠灌入渗补给系数 β_c 和井灌回归补给系数 β_w 两种。

为合理确定渠灌入渗补给系数 β_c，不少单位针对本地区不同岩性、地下水埋深和灌水定额进行了大田灌溉入渗试验。缺乏试验资料的地区，选用前期雨量小，降水量接近灌水定额的次降水入渗补给系数近似作为 β_c 值。

由表 2.4 可以看出，渗透性强的粉细砂的 β_c 较大，渗透性弱的黏土 β_c 较小；地下水埋深小、灌溉定额高的 β_c 值较大，反之，β_c 较小；岩性相同，裂隙发育程度不同，β_c 也不同，陕北黄土裂隙发育，β_c 值大，东北黄土裂隙不发育，β_c 值小。

表 2.4　不同情况下渠灌田间入渗补给系数

地下水埋深/m	灌水定额/(m^3/亩)	岩性		
		亚黏土	亚砂土	粉细砂
＜4	40～70	0.10～0.17	0.10～0.20	
	70～100	0.10～0.20	0.15～0.25	0.20～0.35
	＞100	0.10～0.25	0.20～0.30	0.25～0.40
4～8	40～70	0.05～0.10	0.05～0.15	
	70～100	0.05～0.15	0.05～0.20	0.05～0.25
	＞100	0.10～0.20	0.10～0.25	0.10～0.30
＞8	40～70	0.05	0.05	0.05～0.10
	70～100	0.05～0.10	0.05～0.10	0.05～0.20
	＞100	0.05～0.15	0.10～0.20	0.05～0.20

5. 渠系渗漏补给系数 m

渠系渗漏补给系数 m 为渠系渗漏补给地下水量与渠首引水量的比值，即

$$m=\frac{Q_x}{Q_s} \tag{2.13}$$

或

$$m=\gamma(1-\eta) \tag{2.14}$$

式中：Q_x 为渠系渗漏补给量，m^3；Q_s 为渠首引水量，m^3；γ 为修正系数；η 为渠系水有效利用系数。

它受渠道输水时间长短、渠床土质及有无防渗措施、地下水位埋深等因素影响。一般砂性土多采取一定的防渗处理，而黏性土则很少采取防渗处理，所以砂性土的渗漏补给系数反而较小。

渠系损失水量中，一部分消耗于湿润土壤、浸润带蒸发和渠系水面蒸发，其余部分补给地下水。

修正系数 γ 值为渠系渗漏补给量 Q_x 与渠系损失水量 $Q_x(1-\eta)$ 的比值。

经综合分析，渠系渗漏补给系数一般为 0.04～0.60，具体值见表 2.5。

表 2.5　不同渠床衬砌、岩性和地下水埋深情况的 η、γ、m 值

分区	衬砌情况	渠床下岩性	地下水埋深/m	渠系有效利用系数 η	修正系数 γ	渠系渗漏补给系数 m
长江以南地区和内陆河流域农业灌溉区	未衬砌	亚黏土、亚砂土	＜4	0.3～0.60	0.55～0.90	0.22～0.60
	部分衬砌			0.45～0.80	0.35～0.85	0.19～0.50
			＞4	0.40～0.70	0.30～0.80	0.18～0.45
	衬砌		＜4	0.50～0.80	0.35～0.85	0.17～0.45
			＞4	0.45～0.80	0.35～0.80	0.16～0.45

续表

分区	衬砌情况	渠床下岩性	地下水埋深/m	渠系有效利用系数 η	修正系数 γ	渠系渗漏补给系数 m
半干旱半湿润地区	末衬砌	亚黏土	<4	0.55	0.32	0.144
		亚砂土		0.40～0.50	0.35～0.50	0.18～0.30
		亚黏、亚砂土互层		0.40～0.55	0.32	0.14～0.30
	部分衬砌	亚黏土		0.55～0.73	0.32	0.09～0.14
			>4	0.55～0.70	0.3	0.09～0.135
		亚砂土	<4	0.55～0.68	0.37	0.12～0.17
			>4	0.52～0.73	0.35	0.10～0.17
		亚黏、亚砂土互层	<4	0.55～0.73	0.32～0.40	0.09～0.17
	衬砌	亚黏土		0.65～0.88	0.32	0.04～0.112
		亚砂土		0.57～0.73	0.37	0.10～0.16

2.2.2.2 地下水资源量计算

受地下水补给方式与过程等影响，地下水资源量计算比地表水资源量评价更为复杂。此外，由于平原区和山丘区的资料条件不同，计算方法和要求也不尽相同，为准确评价地下水资源，需根据区域地形地貌特征，将评价区域划分为平原区、山丘区及山丘平原混合区，分别采用不同的方法计算。

1. 平原区地下水资源量计算

平原地区地下水资源可以通过计算总补给量或总排泄量的途径获得。在有条件的地区，也可以同时计算两个量，以便相互比较验证。

（1）各项补给量计算。

1）大气降水入渗补给量计算。

$$P_r = \alpha PF \tag{2.15}$$

式中：P_r 为多年平均降水入渗补给量；P 为多年平均降水量；α 为降水入渗补给系数；F 为计算区面积。

2）侧渗补给量计算。侧渗补给量是指山地区基岩水侧向径流补给量和河床潜流补给量。一般是沿山丘区与平原区分界线切割成若干个相连的垂直剖面，根据各剖面的面积、岩性、地下水水力坡度，按达西公式分别进行计算：

$$Q_c = 3.65\times10^{-6} KIHL \tag{2.16}$$

式中：Q_c 为侧向补给量，亿 m^3/a；K 为计算断面含水层渗透系数，m/d；I 为计算断面水力坡度；H 为计算断面含水层厚度，m；L 为计算断面长度，m。

受地层条件的限制，当剖面位置处于平原区时，从计算中扣除剖面线到山丘区与平原区分界线之间面积上的降水入渗、河道渗漏等补给量，并在计算中加入该面积上的地下水实际开采净消耗量、潜水蒸发量等排泄量。水力坡度根据平水年地下水等水位图确定。

3）河渠渗漏补给量计算。当河渠水位高于岸边附近地下水位时，河渠水在重力作用下，以渗流形式补给地下水，这种现象称为河渠渗漏补给。若地下水位低于河渠底时，渗漏以垂直运动为主；若地下水高于河渠底但低于河渠水位时，渗漏以水平运动为主。河渠补给只沿有水的河渠发生，因此它与面上补给的降雨入渗补给量相比常常很小。此外，河渠水对地下水的渗漏补给还与河床岩性结构有关，河道在长期的外营力地质作用下，常常沉积一定厚度的黏性或沙性土层，尤其在常年浸水的湿周断面，如果是不易渗透的土层结构，尽管河水水头比地下水位高很多，虽有渗漏补给，但并不一定有浸润曲线。

具体计算方法一般有以下两种：

（a）对于有实测水文资料的中小河流，一般根据上下游断面的实测流量，应用水量平衡原理求出两个断面间的河道渗漏补给量，再按两个断面间的河段长度和计算河段长度的比例关系修正该计算河段的河道渗漏补给量。水文断面实测流量一般采用多年平均值，缺乏长系列水文实测资料时，用平水年资料代替，可用下式计算：

$$Q_{hq}=(Q_1-Q_2)\Delta t-BLZ \tag{2.17}$$

式中：Q_{hq}为河道或渠道在Δt时段的总渗漏量，m^3；Q_1、Q_2分别为河渠上游断面1、下游断面2的平均流量，m^3/s；Δt为计算时段，s；B为水面宽度，m；L为两断面的距离，m；Z为Δt时段的水面蒸发深度，m。

（b）对于岸边有钻孔资料的河流，采用渗流剖面法，即沿河岸切割渗流剖面，根据钻孔水位和河水位确定垂直于剖面的水力坡度，用达西公式计算通过该剖面的水量即为河水对地下水的补给量。

在无降雨的情况下，由于从上游放水而观测到河床下地下水位的变化值，若假定河床下小范围内地下径流的流入流出处于均衡状态，则可直接用下式来计算该时段单点平均河渠入渗补给量：

$$Q_{hq}=\mu\Delta HB_w \tag{2.18}$$

式中：Q_{hq}为在计算时段内河渠单位宽度的渗漏补给量，m^2；μ为河床下地下含水层水位变化带岩层给水度；B_w为在计算时段内观测孔所在河槽过水断面的平均湿周，也可用平均水面宽近似表示，m；ΔH为河床下地下水位上升值，m。

4）越流补给量计算。当相邻两含水层之间有足够水头差时，水头高的含水层通过弱透水层补给水头较低的含水层，这种现象称为越流。显然，当弱透水层越薄，弱透水层透水性越强，相邻含水层水头差越大，则越流补给量越大。一般情况下，越流补给强度较小，但由于越流面积大，因此越流总量可能较大。这种补给量依据达西公式来计算。

5）井灌回归补给量计算。井灌回归补给量指井灌区提取地下水灌溉，灌溉水下渗补给地下水的水量。根据地下水实际开采量中用于井灌部分乘以井灌回归补给系数计算：

$$Q_j=\beta_j Q_k \tag{2.19}$$

式中：Q_j为井灌回归补给量，亿m^3/a；β_j为井灌回归系数；Q_k是井灌地下水实际开采量，亿m^3/a。

6）水库、湖泊、闸坝蓄水渗漏补给量计算。当水库、湖泊、闸坝等蓄水体水位高于岸边地下水时，对地下水产生渗漏补给。此时，可采用达西公式或水量平衡方法计算。

7）渠系渗漏补给量及渠灌田间入渗补给量计算。由于渠道水位一般高于两岸地下水位，所以渠道输水对地下水产生渗漏补给。渠道渗漏补给量主要采用渠系渗漏补给系数法、地下水动力学法以及经验公式法来计算；田间入渗补给量采用田间灌溉水量乘以渠灌田间入渗补给系数求得。

（2）各项排泄量计算。

1）潜水蒸发量计算。潜水蒸发量指潜水在毛细管力作用下向上运移，通过地表蒸发与叶面散发的水量。潜水蒸发强度与气象因素、地下水埋深、包气带岩性、植被种类、耕作方式等有关。陆面蒸发能力愈大、地下水埋深愈浅，潜水蒸发也愈大。地下水埋深相同时，黏性土的潜水蒸发强度一般小于砂性土的潜水蒸发强度。需要分析地下水动态和地中蒸渗仪资料，按潜水蒸发系数或经验公式计算潜水蒸发量。

2）地下水实际开采量计算。地下水实际开采量是开发利用程度较高地区的一项主要排泄量。

3）河道排泄量计算。平原区地下水排入河道的水量称为河道排泄量。大部分地区采用地下水动力学法计算河道排泄量。山间盆地平原区、山间河谷平原区、黄土高原台塬阶地区以及淮河流域片的一般平原区，采用分割河川基流量法计算河道排泄量。

4）侧向流出量计算。以地下径流形式流出计算区的水量称为侧向流出量。计算方法同山前侧渗补给量。

5）越流排泄量计算。当浅层地下水位高于当地深层地下水位时，浅层地下水向深层地下水排泄，称为越流排泄。

（3）平原地区地下水补、排平衡分析。平原地下水资源评价计算所得的总补给量与总排泄量应满足水量平衡原理。根据地下水均衡原理，一个地区地下含水层的水在参与自然界水分循环中，其补给和消耗总是处在不断发展和变化之中，任一时段的补给量 Q_{bu} 和消耗量 Q_{xi} 之差应等于该含水层中水体体积的变化量，即存储变化量，这个量的变化也可由地下水动态的变化综合反映和刻画出来。其地下水动态均衡表达式为

$$\Delta Q = Q_{bu} - Q_{xi} \tag{2.20}$$

式中：ΔQ 为地下水储存变化量，m^3/a；Q_{bu} 为某时段地下水补给量，m^3/a；Q_{xi} 为某时段内地下水总消耗量，m^3/a。

但事实上，由于计算的误差，计算的补给量、排泄量和储存量并不能严格满足该表达式，而是有一个误差，但这误差需要控制在一定的范围之内。

2. 山丘区地下水资源量计算

山丘区地下水资源受资料限制，主要根据多年总补给量等于总排泄量的原理，用地下水的总排泄量近似作为地下水补给量。各排泄量之和即为山丘区地下水资源量。

（1）河川基流量计算。河川基流量是山丘区地下水的主要排泄量，通常采用分割逐日河川径流过程线的方法确定河川径流量，包括直线分割、斜线分割和经验关系等。

北方地区非汛期降雨量较小时，可近似用实测河川径流量作为河川基流量。在我国东北和西北地区，对融雪形成的春汛和降水形成的夏汛，分别进行分割。春汛中的消冰水是冰冻期河川在河槽中的滞蓄量，一般作河川基流量处理。

确定单站平均年河川基流量，有长系列径流资料可逐年进行河川基流分割，以均值作为该站平均年实测河川基流量。对资料系列不足 24 年或近年受人类活动影响较大的测站，一般选用包括丰、平、枯 3 种降水年份在内的 6～11 年实测河川径流量资料，逐年进行分割计算，点绘河川年径流量 R 与河川基流量 Rg 的相关曲线。在该曲线上，用该站实测的

逐年河川径流量查出相应年份的河川基流量，以均值作为该站的平均年实测河川基流量。

对岩溶山区，一般也采用分割基流计算河川基流量。对含水层调蓄周期长、岩溶水流量比较稳定的岩溶山区，用河川基流分割法可推求得整个岩溶区的地下水资源量。对含水层调蓄周期短、降水补给形式的岩溶水很快通过地下暗河排入地表河道的岩溶山区，用分割基流的方法仅求得岩溶水中经过岩溶调蓄的慢速流部分，而未经岩溶调蓄的快速流部分由于与河川径流中地表径流的水流性质相似，没有分割为基流，不作为地下水资源。地下水以泉水形式出露地表的岩溶山区，采用泉域法计算地下水资源量。

(2) 河床潜流量计算。河床潜流量是通过河床松散沉积物从山丘区排出的地下水量。当水文站控制断面上具有较厚的松散沉积物时，应用达西公式来计算河床潜流量。

(3) 山前侧向流出量计算。山前侧向流出量是指山丘区地下水通过裂隙、断层或溶洞以潜流形式直接补给平原第四系沉积层的水量。计算方法与平原区山前侧渗补给量计算相同。

(4) 未计入河川径流的山前泉水出露量计算。山体中的地下水，沿裂隙、断层或溶洞向平原流动，在山丘区与平原区的交界带，受地形落差的影响，山丘区地下水出露地表，形成泉水。有些泉水，通过地表泄入河道，这部分泉水已被下游河道水文站测到，包括在分割的河流基流之中。有些泉水，不泄入河道，当地自行消耗，这部分泉水的总和称为未计入河川径流的山前泉水出露量。

(5) 潜水蒸发量和地下水实际开采净消耗量计算。山丘区中面积较小的河谷阶地，未按平原区进行地下水资源计算。对这些地区，进行了潜水蒸发量和地下水实际开采净消耗量的计算，计算方法同平原区。

3. 山丘平原混合区地下水资源量计算

山丘平原混合区地下水资源应是山丘区和平原区的地下水资源量之和，扣去相互间的重复计算量。例如：平原区地下水资源量中的山前侧渗补给量和山丘区地下水资源量中的山前侧向流出量是同一计算量；平原区地下水资源量中，由山丘区河川基流补给的部分，是山丘区与平原区地下水资源量间的重复计算量，上述重复量在地下水资源量汇总时均应予以扣除。

2.2.3 水资源总量评价

水资源总量评价是在地表水和地下水资源数量评价的基础上进行的，主要包括降水、地表水和地下水的动态转化关系分析，水资源总量计算和水资源可利用总量估算。

按前面论述，水资源总量是地表水资源与地下水资源量扣除地表水与地下水资源转化重复量的总水资源量。需要解决两个计算问题：①地表水与地下水转化重复量，即地下水自身及其与地表水相互转化而重复计算的量。②水资源总量多年平均值及年际变化特征值。

水资源总量通常按下式计算：

$$W=W_s+W_g-W_r \tag{2.21}$$

式中：W 为水资源总量；W_r 为地表水与地下水资源重复部分水量；W_s 为地表水资源量，指河流、湖泊、冰川等地表水体的动态水量，对分区地表水资源量，则是指区内降水形成的河川径流量，不包括入境水量；W_g 为地下水资源量。

单一山丘区、单一平原区和山丘、平原混合区由于重复量不同，总水资源量计算公式也有所不同。

1. 单一山丘区

这种类型包括一般山丘区、岩溶山区、黄土高原丘陵沟壑区。单一山丘区的地表水资源量为当地河川径流量。山区的地下水资源，则由于降雨入渗补给是地下水资源的唯一来源，山区钻孔和观测资料少，一般根据水均衡原理，用总排泄量代表总补给量，反求地下水资源量。

山丘区水资源总量计算公式为

$$W_m = W_{sm} + W_{gm} - R_{gm} \tag{2.22}$$

式中：W_m为山丘区水资源总量；W_{sm}为山丘区河川径流总量；W_{gm}为山丘区地下水资源量；R_{gm}为山丘区河川基流。

2. 单一平原区

单一平原区包括北方一般平原区、沙漠区、内陆闭合盆地平原区、山间盆地平原区、山间河谷平原区、黄土高原台塬区。该地区的地表水资源量为平原区河川径流量，地下水资源为降雨入渗补给、山前侧渗补给、越流补给、河道渗漏补给、渠系渗漏补给、田间入渗补给、地下水人工补给等之和。地表水与地下水重复水量为河川基流量与地下水补给的后4项。平原区水资源总量计算公式为

$$W_p = W_{sp} + P_{rp} + Q_S + Q_{OS} - R_{gp} \tag{2.23}$$

式中：W_p为平原区水资源总量；W_{sp}为平原区河川径流量；P_{rp}为降雨入渗补给量；R_{gp}为河川基流；Q_S为侧渗补给；Q_{OS}为越流补给。

其中
$$P_{rp} = 10^{-5} FP\alpha \text{，亿 m}^3$$

式中：F为接受降雨入渗透补给的面积，km^2；P为多年平均降雨量，mm；α为多年平均降雨入渗补给系数，与土壤有关。

3. 山丘、平原混合区

该类区域水资源总量可通过分别计算山丘区和平原区的河川径流量与地下水资源量，再求其和后扣除重复水量而得。水资源总量计算公式为

$$W_{mp} = W_{sm} + W_{sp} + Q_S + Q_q + Q_w + E_g + q_k + P_{rp} + Q_{OS} - R_{gp} \tag{2.24}$$

式中：W_{mp}为水资源总量；Q_q为河床潜流量；Q_w为未计入河川基流的山前泉水量；E_g为潜水蒸发量；q_k为地下水开采净消耗量。

通过以上方法可求出区域内的水资源总量系列，利用数理统计方法则可求得多年平均水资源总量和不同频率的年水资源总量。

2.3 水资源质量评价

水资源质量评价与水资源量评价是水资源评价的两个重要方面。自然界的水体不断进行着蒸发、降水、产流和汇流的水循环过程，在这个过程中水体与不同的物质混合并发生一系列物理、化学变化，水体中各类物质的含量随时间和空间的变化而变化，当某一或多个物质含量超过一定范围时，可能会影响水体某项使用功能。水资源质量评价是根据评价

的目的、水体用途、水质特征，选用相关水质评价参数和相关的国家、行业或地方水质标准对水资源质量进行的定性与定量评价。水资源质量评价内容包括河流泥沙分析、天然水化学特征分析、水资源污染状况评价。

河流泥沙是反映河川径流质量的重要指标，主要评价河川径流输沙量、含沙量及其时程分配和地区分布。天然水化学特征，是指未受人类活动影响的各类水体在自然界水循环过程中形成的水质特征，是水资源质量的本底值。水资源污染状况评价，是指地表水、地下水资源质量的现状评价及趋势预测，其内容包括污染源调查与评价，地表水资源质量现状评价，地表水污染负荷总量控制分析，地下水资源质量现状评价，水资源质量变化趋势分析及预测，水资源污染危害及经济损失分析，不同质量的可供水量估算及适用性分析。

对水资源质量进行评价，就是根据不同水质要求，按照一定原则和方法，将水质调查监测资料或预测的水质指标项目与要求的水环境质量标准进行比较，确定评价水体质量等级。

2.3.1 水资源质量评价参数

水资源质量评价参数从不同方面反映评价水体的质量状况。一般有物理、化学和生物学三方面的水质评价参数。其中有些参数能直接反映水体某一污染物的结果，如汞、铜、锌的浓度等。有些参数则间接反映某些污染物的结果，如生化需氧量（BOD）、酸碱度（pH 值）等。水体中的水质参数有些是越大水体质量越好，如溶解氧（DO）等；有些水质参数则是越大水体质量越差，如 BOD 等；有些参数则需要在一定范围内则表明水体质量好，如 pH 值等。常见的水质评价参数包括溶解氧、生化需氧量、化学需氧量、总需氧量、总氮、总磷及酸碱度等。

溶解氧是指溶解在水中的分子氧，其含量以每升水中溶解的分子氧的毫克数表示，即 mg/L。溶解氧越大，越有利于有机污染物的分解，进而保持水体清洁和水生动植物生存。因此水体溶解氧越大，水体质量越好。

水中有机物通过生化降解所需要消耗的氧的含量称为生化需氧量，通常以每升水中有机物的耗氧量表示，单位为 mg/L。由于有机物的分解过程较为漫长，在实际评价过程中常用水温为 20℃的有氧条件下经过 5 天消耗的溶解氧表示，称为五日生化需氧量，也简称生化需氧量。

化学需氧量与生化需氧量类似，都是分解水中有机物所需要的氧的含量，所不同的是化学需氧量利用强氧化剂，利用化学方法氧化水体有机物的需氧量。其优点是测定速度快，但需氧量的大小受氧化剂的不同而变化。

总需氧量是指水体中还原性物质完全氧化时所需要的氧量。结果以单位水体所需分子氧的重量表示，单位为 mg/L。类似的总有机碳是指水体中有机物所含的碳元素的总量，单位为 mg/L。

氮是形成蛋白质的重要元素，几乎所有动植物生命过程中均有氮的参与。水体中的氮分为无机氮和有机氮。无机氮包括氨态氮（简称“氨氮”）和硝态氮。氨氮包括游离氨态氮 NH_3-N 和铵盐态氮 NH_4^+-N；硝态氮包括硝酸盐氮 NO_3-N 和亚硝酸盐氮 NO_2^--N。有机氮主要有尿素、氨基酸、蛋白质、核酸、尿酸、脂肪胺、有机碱、氨基糖等含氮有机物。有机氮在好氧微生物作用下转化为氨态氮，氨态氮可以进一步氧化为硝态氮。一般水体中同时存在着各种形式的氮，水样中不同类型氮含量的综合即为总氮，以氮的 mg/L 计。总氮是衡量水质的重要参数之一。

磷是水体的一种营养元素，也是评价水质的重要指标，它在水体系中的过量存在（如超过 0.2mg/L），将引起藻类物质的大量滋长而使水质恶化，该过程称为“富营养化”。天然水和废水中的磷是以各种磷酸盐的形式存在，主要以正磷酸盐、缩合磷酸盐（焦磷酸盐、偏磷酸盐和多磷酸盐）及有机磷化合物等形态存在。总磷含量即水样中各种形态的磷经消解后转变成正磷酸盐的浓度，以磷的 mg/L 计。

在水质评价中依据评价目的不同和水体特点，选用不同水质参数来评价水环境质量。

2.3.2　水资源质量评价标准

水资源质量评价标准是衡量水体质量好坏的依据，水资源质量评价标准的高低则参照水体功能而定。水域功能通常有国家自然保护区或饮用水水源保护区，工业用水区或灌溉水源区等。不难看出，水体功能越强大，水质标准将越高，水资源保护的成本则相应提高。

许多国家针对水体功能要求，制定了一系列水质标准。我国制定的水资源质量评价标准主要有《地表水环境质量标准》(GB 3838—2002)、《地下水质量标准》(GB /T 14848—93)、《生活饮用水卫生标准》(GB 5749—85)、《农田灌溉水质标准》(GB 5084—92)、《渔业水质标准》(GB 11607—89)、《景观娱乐用水水质标准》(GB 12941—91)、《海水水质标准》(GB 3097—1997) 等。

地表水环境质量标准设置水质评价指标项目共 109 项，其中 24 项为基本水质指标项目，见表 2.6。该标准适用于中华人民共和国领域内江、河、湖泊、水库等具有使用功能的地面水水域。依据地面水水域环境功能和保护目标，按功能高低依次划分为 5 类：

Ⅰ类：主要适用于源头水、国家自然保护区；

Ⅱ类：主要适用于集中式生活饮用水地表水源地一级保护区、珍惜水生生物栖息地、鱼虾类产卵场、仔稚幼鱼的索饵场等；

Ⅲ类：主要适用于集中式生活饮用水地表水源地二级保护区、鱼虾类越冬场、洄游通道、水产养殖区等渔业水域及游泳区；

Ⅳ类：主要适用于一般工业用水区及人体非直接接触的娱乐用水区；

Ⅴ类：主要适用于农业用水区及一般景观要求水域。

对应地表水上述五类水域功能，将地表水环境质量标准基本项目标准值分为 5 类，不同功能类别分别执行相应类别的标准值。同一水域兼有多类使用功能时，执行最高功能对应的标准值。

表 2.6　地表水环境质量标准基本项目标准限值　　单位：mg/L

序号	项目 \ 标准值		分类			
		Ⅰ类	Ⅱ类	Ⅲ类	Ⅳ类	Ⅴ类
1	水温(℃)	人为造成的环境水温变化应限制在： 周平均最大温升≤1 周平均最大温降≤2				
2	pH 值(无量纲)	6～9				
3	溶解氧　≥	饱和率 90% (或 7.5)	6	5	3	2

续表

序号	项目　　标准值	分类				
		Ⅰ类	Ⅱ类	Ⅲ类	Ⅳ类	Ⅴ类
4	高锰酸盐指数　≤	2	4	6	10	15
5	化学需氧量(COD)　≤	15	15	20	30	40
6	五日生化需氧量(BOD_5)　≤	3	3	4	6	10
7	氨氮(NH_3-N)　≤	0.15	0.5	1.0	1.5	2.0
8	总磷(以P计)　≤	0.02 (湖、库0.01)	0.1 (湖、库0.025)	0.2 (湖、库0.05)	0.3 (湖、库0.1)	0.4 (湖、库0.2)
9	总氮(湖、库,以N计)　≤	0.2	0.5	1.0	1.5	2.0
10	铜　≤	0.01	1.0	1.0	1.0	1.0
11	锌　≤	0.05	1.0	1.0	2.0	2.0
12	氟化物(以F^-计)　≤	1.0	1.0	1.0	1.5	1.5
13	硒　≤	0.01	0.01	0.01	0.02	0.02
14	砷　≤	0.05	0.05	0.05	0.1	0.1
15	汞　≤	0.00005	0.00005	0.0001	0.001	0.001
16	镉　≤	0.001	0.005	0.005	0.005	0.01
17	铬(六价)　≤	0.01	0.05	0.05	0.05	0.1
18	铅　≤	0.01	0.01	0.05	0.05	0.1
19	氰化物　≤	0.005	0.05	0.2	0.2	0.2
20	挥发酚　≤	0.002	0.002	0.005	0.01	0.1
21	石油类　≤	0.05	0.05	0.05	0.5	1.0
22	阴离子表面活性剂　≤	0.2	0.2	0.2	0.3	0.3
23	硫化物　≤	0.05	0.1	0.05	0.5	1.0
24	粪大肠菌群(个/L)　≤	200	2000	10000	20000	40000

2.3.3 水资源质量评价方法

目前水资源质量评价有多种方法，现分别介绍如下。

1. 评分法

评分法是水资源质量综合评价常用的方法。具体要求与步骤如下：

(1) 首先进行各单项组分评价，划分组分所属质量类别。

(2) 对各类别分别确定单项组分评价分值 F_i，见表 2.7。

表 2.7　　各类别分值 F_i

类别	Ⅰ	Ⅱ	Ⅲ	Ⅳ	Ⅴ
F_i	0	1	3	5	10

(3) 按下式计算综合评价分值 F：

$$F=\sqrt{\frac{\overline{F}^2+F_{\max}^2}{2}} \tag{2.25}$$

$$\overline{F}=\frac{1}{n}\sum_{i=1}^{n}F_i \tag{2.26}$$

式中：$\overline{F}$ 为各单项组分评分值 F_i 的平均值；$F_{\max}$ 为单项组分评分值 F_i 中的最大值；n 为项数。

(4) 根据 F 值，按表 2.8 的规定划分水资源质量级别，如"优良（Ⅰ类）"、"较好（Ⅲ类）"等。

表 2.8　水资源质量划分标准

级别	优良	良好	较好	较差	极差
F	<0.8	0.8～2.5	2.5～4.2	4.2～7.2	>7.2

2. 污染指数法

污染指数法是以某一污染元素为基础，计算污染指数，以此为判断依据进行评价。计算公式为

$$I=\frac{C_i}{C_0} \tag{2.27}$$

式中：I 为单要素污染指数；C_i 为水中某组分的实测浓度；C_0 为背景值或对照值。

当背景值为一区间值时，采用下式计算 I 值：

$$I=|C_i-C_0|/(C_{0\max}-\overline{C_0}) \tag{2.28}$$

或

$$I=|C_i-\overline{C_0}|/(\overline{C_0}-C_{0\min}) \tag{2.29}$$

这种方法，可以对各种污染组分、不同时段（如枯水期、丰水期）分别进行评价。当 $I\leqslant 1$ 时为未污染；当 $I>1$ 时为污染，并可根据 I 值进行污染程度分级。此法的优点是直观、简便，被广泛应用。

3. 一般统计法

一般统计法是以检测点的检出值与背景值或水质标准做比较，统计其检出数、检出率、超标率等，一般以表格法来反映，最后根据统计结果来评价水资源质量。

其中，检出率是指污染组成占全部检测数的百分数。超标率是指检出污染浓度超过水质标准的数量占全部检测数的百分数。对于受污染的水体，可以根据检出率确定其污染程度，比如单项检出率超过 50%，即为严重污染。

思　考　题

1. 水资源评价的原则与内容是什么？
2. 地表水资源量的计算方法有哪些？各种方法的适用条件是什么？

3. 平原区与山丘区地下水资源有什么区别与联系?

4. 水资源质量评价的方法有哪些?

参 考 文 献

[1] 叶守泽. 水文水利计算 [M]. 北京: 水利电力出版社, 1992.
[2] 陈家琦, 王浩, 杨小柳. 水资源学 [M]. 北京: 科学出版社, 2002.
[3] 尚守忠, 田世义. 水资源及其开发利用 [M]. 北京: 科学普及出版社, 1993.
[4] 水利部水资源水文司. 水资源评价导则: SL/T 238—1999 [S], 1999.

第3章 土壤水利用

土壤水是指土壤中各种形态水的总称，包括固态水、液态水和气态水。土壤水和土壤固体成分、土壤空气共同构成土壤的三相（图 3.1）。土壤水主要受大气降水、灌溉以及浅层地下水上升的补给。土壤水的损耗包括蒸发、植物吸收、下渗等。土壤水对于农业生产来说非常重要，是作物生长所需水分的主要来源。要利用土壤水，则需要先掌握土壤水的运动规律。本章主要介绍土壤水相关概念、土壤水运动基本方程、土壤水运动基本微分方程定解条件、土壤水分管理及作物对土壤水分的利用等。

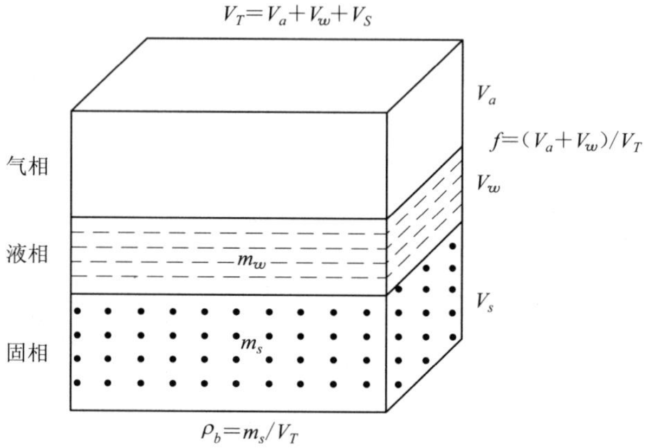

图 3.1 土壤三相物质构成示意图

3.1 土壤水概述

3.1.1 土壤含水率

衡量土壤所含水分多少的一个重要指标即为土壤含水率（soil water content）。土壤含水率除了影响土壤通气性以外，还会影响作物生长、土壤微生物活动、污染物运移扩散等。土壤含水率可以用质量含水率和体积含水率来表示，二者表达式如下：

$$\theta_m=\frac{m_w}{m_s} \tag{3.1}$$

$$\theta_v=\frac{v_w}{v_T} \tag{3.2}$$

式中：θ_m、θ_v 分别为质量含水率和体积含水率，量纲分别为 M M^{-1}，L^3 L^{-3}；m_w、m_s 分别为土壤中水分与土粒质量，量纲为 M；v_w、v_T 分别为土壤中水分体积和土壤总体积，量纲为 L^3。

质量含水率与体积含水率存在换算关系：

$$\theta_v = \rho_b \theta_m \tag{3.3}$$

式中：ρ_b 为土壤干容重，量纲为 $M\ L^{-3}$。

另外一个衡量土壤水分的概念为饱和度（degree of saturation），其定义为水填充土壤孔隙的比例。表达式为

$$S = \frac{\theta_v}{f} \tag{3.4}$$

式中：f 为土壤孔隙度。

孔隙度为土壤液体和气体填充空隙占土壤总体积的比例。饱和度也被称为土壤充水孔隙度（water-filled pore space，WFPS）。

3.1.2 土壤水分类

土壤水在土壤中可以进行分类。按存在形态分，包括固态、液态和气态。其中液态较为常见；而在冬季寒冷季节，则往往以固态形式存在。与地表水一样，这 3 种存在形态可以相互转化。

土壤水按吸附状态和所受约束强弱可以分为吸湿水、薄膜水、毛管水和重力水[1]。吸湿水是土壤从水汽中吸附到土壤颗粒表面的水分，受土壤颗粒吸附最强（10000～20000 标准大气压，atm）。当土壤颗粒周围水汽达到饱和时，吸湿水量最大，此时的土壤含水率称为最大吸湿量或吸湿系数。当吸湿水达到最大时，土壤颗粒已无力再吸附空气中活动能力较强的水分子，此时只能吸附周围液态水分子，这些液态水分子在吸湿水外形成水膜，称为薄膜水。薄膜水对应的吸着力大概为 6.25atm。薄膜水达到最大值时的土壤含水率称为最大分子持水率。松散岩土持水度数值见表 3.1。

表 3.1　　松散岩土持水度数值表[2]

岩土类型	粗砂	中砂	细砂	极细砂	亚黏土	黏土
颗粒大小/mm	2～0.5	0.5～0.25	0.25～0.1	0.1～0.05	0.05～0.002	<0.002
最大分子持水度/%	1.57	1.6	2.73	4.75	10.8	44.85

毛管水是土壤中在毛细管力作用下可以运动的水分，约束力相对较弱（0.1～0.3atm）。毛管水达到最大时的土壤含水率称为田间持水量。不同土质田间持水度见表 3.2。

表 3.2　　不同土质田间持水度[2]

土壤质地	地区和土壤	<0.01mm 颗粒百分比/%	田间持水度/%
细砂土	辽西风砂土	2.8	4.5
面砂土	辽西风砂土	2.7	11.7
砂粉土	嫩江黑土	12.8	12.0
粉土	晋西黄绵土	25.0	17.4
粉壤土	蒲城垆偻土	—	20.7
黏壤土	武功油土	50.8	19.4
粉黏土	嫩江黑土	67.8	23.8

重力水是指土壤中在重力作用下可以运动的水分，其所受约束力最小。当重力水达到最大时的土壤含水率称为饱和含水率。重力水相对比较自由，排水过程较快，一般情况下在土壤中停留的时间较短；而毛管水在土壤中停留的时间相对较长，而且其受土壤颗粒吸附力较小，所以植物根系吸收的水分主要来自毛管水。

当土壤颗粒吸着的薄膜水所受吸力在15atm左右时，土壤中的水分将不能为植物所利用，致使作物永久凋萎，此时的土壤含水率称为凋萎系数。

土壤水按其可活动性也可分为活动水（mobile pool）与不可活动水（immobile pool）。活动水往往储存在大孔隙当中，在土壤中可以流动，为植物和土壤中的动物及微生物提供能量和物质的交换。而不可活动水则储存在细小孔隙或者封闭的孔隙中，往往很难与其他区域水分进行交换。土壤水分类及对应水分含量参数见图3.2。

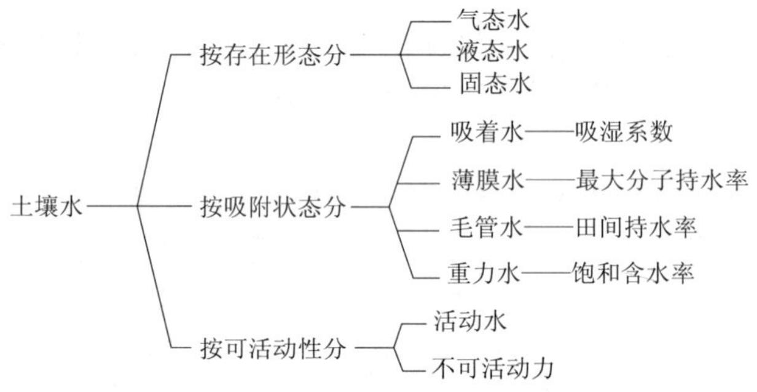

图3.2　土壤水分类及对应水分含量参数

3.2 土壤水运动方程

3.2.1 土壤水的能态

水分在土壤中的运动对植物吸收水分和养分极其重要，同时水分运动还导致污染物在包气带中的迁移。水分在土壤中由于受到重力、吸持力等作用，因此具有一定的能量。由于土壤水分运动较为缓慢，土壤水分所具有的能量主要是势能。一般将土壤水分所具有的势能称为土水势。土水势的定义是：可逆地和等温地从一定高度和大气压下移动单位纯自由水到土壤中某一点所需做的功[3]。土水势单位按单位质量水所做的功可以表示为J/g，按单位体积水所做的功可以表示为Pa、bar、atm（10^5Pa＝1bar＝0.987atm）等，按单位重量水所做的功可以表示为cm[1]。

土水势可以划分为不同的组分，包括重力势、基质势、压力势、溶质势、温度势等。重力势由土壤水分所受重力产生；基质势是在非饱和条件下土壤水分所受土壤颗粒吸持力产生，基质势一般为负数；压力势是在饱和条件下受静水压力产生，压力势一般为正数，压力势和基质势二者只能有一个存在；溶质势是当土壤溶液中有溶质存在时，由于溶质离子对水分子有吸力而产生的势能，一般为负值；温度势是由于土壤温度场存在差异而产生的势能。

3.2.2 土壤水分特征曲线

土壤水分特征曲线（soil water characteristic curve）是描述土壤吸力与土壤含水率关

系的曲线[4]。土壤吸力是土壤非饱和时基质势的绝对数值。土壤水分特征曲线反映了非饱和土壤中水分与能量关系。一般而言，黏粒的粒径相比壤粒和砂粒的粒径更小，比表面积更大，吸持力更大，所能吸持的水分也越多。在相同含水率情况下，黏土对应的吸力最大，壤土次之，而砂土最小；而在相同吸力情况下，黏土对应的含水率最大，壤土次之，而砂土最小。用曲线形式来表示则见图 3.3。

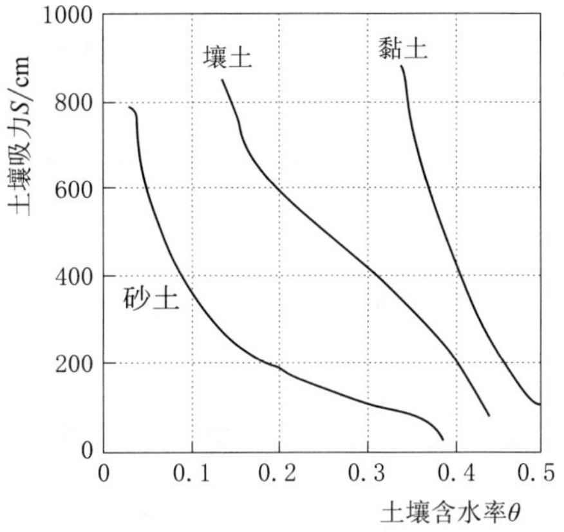

图 3.3 三种典型土壤水分特征曲线对比

由于土壤水分特征曲线比较重要，实际工作中，我们需要用函数的形式来描述土壤水分特征曲线。描述土壤水分特征曲线的模型比较多。比较常用的一个模型为 van Genuchten 模型[5]，该模型表达式如下：

$$S_e = \frac{\theta - \theta_r}{\theta_s - \theta_r} = \left[\frac{1}{1 + (\alpha |h|)^n}\right]^m \tag{3.5}$$

式中：S_e 表示相对含水率，无量纲；θ 为土壤含水率；θ_r 为土壤残留含水率；θ_s 为土壤饱和含水率，量纲均为 $L^3 L^{-3}$；h 为土壤基质势，量纲为 L；α、m、n 为经验参数。

一些典型土壤类型的 van Genuchten 模型经验参数值见表 3.3。

表 3.3 典型土壤 van Genuchten 模型参数值[6]

土壤类型	θ_r	θ_s	α/cm^{-1}	n
砂土	0.020	0.417	0.138	1.592
壤砂土	0.035	0.401	0.115	1.474
砂壤土	0.041	0.412	0.068	1.322
壤土	0.027	0.434	0.090	1.220
粉壤土	0.015	0.486	0.048	1.211
砂黏壤土	0.068	0.330	0.036	1.250
黏壤土	0.075	0.390	0.039	1.194
粉黏壤土	0.040	0.432	0.031	1.151
砂黏土	0.109	0.321	0.034	1.168
粉黏土	0.056	0.423	0.029	1.127
黏土	0.090	0.385	0.027	1.131

注 土壤分类参见土壤质地三角图；$m=1-1/n$。

另一个描述土壤水分特征曲线的模型为 Gardner 模型[7]。其表达式为：

$$S = a\theta^{-b} \tag{3.6}$$

式中：S 为土壤吸力；a，b 为经验参数。

3.2.3　达西定律

由于土壤中各点的土水势存在差异，因此可以驱动水分在土壤中从土水势高的地方运动到土水势低的地方。法国工程师达西通过饱和砂层的渗透实验发现，土壤水流通量与土水势梯度成正比关系，用代数形式表示如下：

$$J=K\frac{\Delta H}{\Delta L} \tag{3.7}$$

式中：J 为土壤中单位时间通过单位截面面积的水的体积，L T^{-1}；K 为土壤透水性能系数，以下称为土壤水力传导度，L T^{-1}；ΔH 为土壤中两点之间水势差，L；ΔL 为距离，L；$\frac{\Delta H}{\Delta L}$即反映了两点之间的水势梯度。

如果令 $\Delta L\to 0$，并且考虑水势梯度和通量的符号总是相反的，因此式（3.7）可以写为

$$J=-K\frac{\mathrm{d}H}{\mathrm{d}z} \tag{3.8}$$

式（3.8）即为达西定律的一般形式。达西定律在三维空间的表达式为

$$J=-K\nabla H \tag{3.9}$$

$$\nabla H=\left(\frac{\partial H}{\partial x},\frac{\partial H}{\partial y},\frac{\partial H}{\partial z}\right)^T \tag{3.10}$$

式中：∇ 为 Nable 算子。

而土壤中水力传导度张量可以写为

$$K=\begin{bmatrix} K_x & 0 & 0 \\ 0 & K_y & 0 \\ 0 & 0 & K_z \end{bmatrix} \tag{3.11}$$

式（3.11）中，如果 $K_x=K_y=K_z$，则这种土壤可以称为各向同性（isotropy），否则称为各向异性（anisotropy）。另外，如果 K 值不随坐标（x，y，z）变化，那么这种土壤可以称为均质（homogeneous）土壤，否则为非均质（heterogeneous）土壤。用图来说明这两个概念之间的差异。图 3.4 显示的是黄土的渗透系数图；其在水平方向的渗透性相较垂向渗透性要小，因此这种土壤为各向异性；但是在土壤中不同的位置，渗透系数又是相同的，因此这种土壤又是均质的。

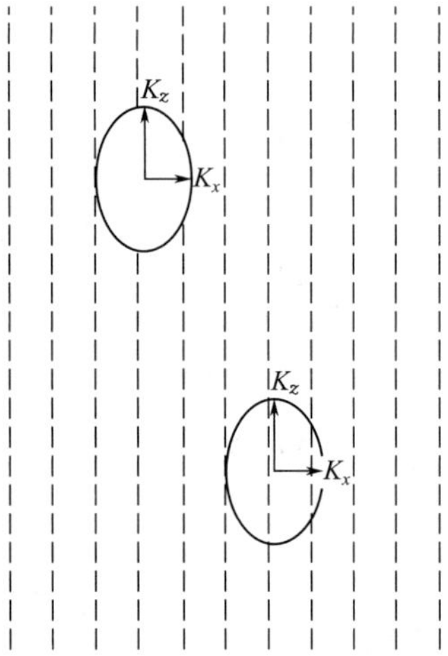

图 3.4　均质各向异性土壤渗透系数图[8]

式（3.8）主要描述饱和土壤水流运动规律，其土壤渗透性为饱和水力传导度。一些土壤的饱和水力传导度范围见表 3.4。不过，在田间土壤常常处于非饱和状态。而非饱和状态下描述土壤水流运动规律则可以用下式来表示：

$$J=-K(\theta)\frac{\mathrm{d}H}{\mathrm{d}z} \tag{3.12}$$

式中：$K(\theta)$ 为非饱和水力传导度，是土壤含水率 θ 的函数。

式（3.12）被称为 Buckingham－Darcy 通量定律。

表 3.4 **不同土质饱和水力传导度范围**[9]

土　　质	K_s/(μm/s)
粗砂	>141.4
砂土/壤砂土	42.34～141.14
砂壤土/细砂壤土	14.11～42.34
极细砂壤土/壤土/粉壤土/粉土	4.23～14.11
黏壤土/砂黏壤土/粉黏壤土	1.41～4.23
砂黏土/粉黏土/黏土	0.42～1.41

【例 3.1】 现有一土柱淋洗实验。土柱填土高 L，上部有积水，下部自由排水。实验初始时刻，积水深度为 h_0，实验结束时刻，积水深度为 h_t。实验持续时间为 t_s。土柱为均值，且处于饱和流状态。试写出饱和水力传导度 K_s 和土柱水流通量 J_w 关于时间 t 的函数。

【解】 此为一维水流运动。根据达西定律和质量守恒，进出土柱的水流通量相等，表达式为

$$J_w(t)=K_s\frac{h(t)+L}{L}=-\frac{dh}{dt} \tag{3.13}$$

式中：J_w 为土柱水流通量，cm^3 water cm^{-2} soil s^{-1}；K_s 为土柱饱和水力传导度，cm^2 water cm^{-1} soil s^{-1}；h 为土柱表面积水深度，cm；L 为土柱填土高度，cm；t 为时间，s。

表面积水深度满足：

$$\left.\begin{aligned} h=h_0 \quad t=0 \\ h=h_s \quad t=t_s \end{aligned}\right\} \tag{3.14}$$

式中：h_0 为初始表面积水深度，cm；h_s 为残留表面积水深度，cm；t_s 为淋溶过程历时，s。

联合求解方程式（3.13）和式（3.14），可得

$$\left.\begin{aligned} K_S=\frac{L}{t_s}\ln\left(\frac{h_0+L}{h_s+L}\right) \\ h(t)=(h_0+L)^{1-\frac{t}{t_s}}(h_s+L)^{\frac{t}{t_s}}-L \end{aligned}\right\} \tag{3.15}$$

将式（3.15）中的表面残留水深表达式代入式（3.13），可得

$$J_w(t)=\frac{(h_0+L)^{1-\frac{t}{t_s}}(h_s+L)^{\frac{t}{t_s}}}{t_s}\ln\left(\frac{h_0+L}{h_s+L}\right) \quad t\in(0,t_s) \tag{3.16}$$

式（3.16）即为土柱淋溶过程水流通量计算公式。

【例 3.2】 现有一土柱淋洗实验。土柱填土高 L，上部有积水，下部自由排水。实验过程中保持积水深度为 h_0。实验持续时间为 t_s。土柱为均质填土，且处于饱和流状态。土柱水流通量 J_w 已知。试写出饱和水力传导度 K_s 的表达式。

【解】 此为一维水流运动。根据达西定律，水流通量表达式为

$$J_w = K_S \frac{h_0 + L}{L} \tag{3.17}$$

因此饱和水力传导度为

$$K_S = J_w \frac{L}{h_0 + L} \tag{3.18}$$

3.2.4　土壤水分运动连续性方程

一般土壤水分运动都处于非稳定态，即土壤含水率或者基质势在时间和空间上都处于变化状态。由于土壤水分运动遵守质量守恒，我们可以从质量守恒定律来推导土壤水运动连续性方程。假设在土壤中（x，y，z）处有一微小六面体，六面体的长、宽、高分别为 Δx，Δy，Δz，均为正数。在 t 时刻，六面体的 x，y，z 三个方向的流入通量分别为 J_x，J_y，J_z，利用泰勒展开，并忽略高阶无穷小后，流出通量分别为 $J_x + \frac{\partial J_x}{\partial x}\Delta x$，$J_y + \frac{\partial J_y}{\partial y}\Delta y$，$J_z + \frac{\partial J_z}{\partial z}\Delta z$。

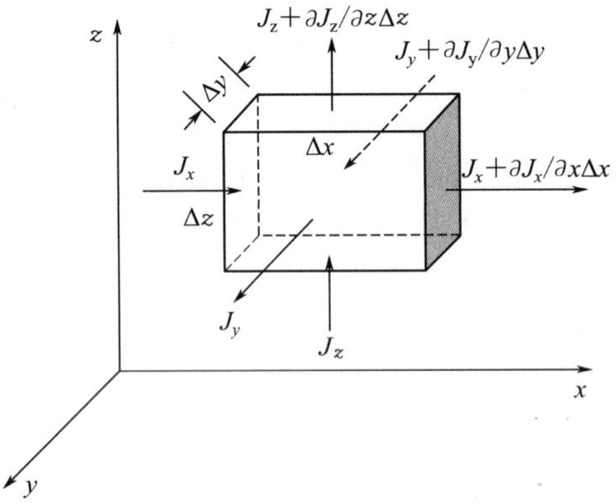

图 3.5　直角坐标系微小单元体通量示意图

在一个极小时段 Δt 内，假设通量值不变化，则流入六面体的水量为

$$V_{\text{in}} = J_x \Delta y \Delta z \Delta t + J_y \Delta x \Delta z \Delta t + J_z \Delta x \Delta y \Delta t \tag{3.19}$$

流出六面体的水量为

$$V_{\text{out}} = \left(J_x + \frac{\partial J_x}{\partial x}\Delta x\right)\Delta y \Delta z \Delta t + \left(J_y + \frac{\partial J_y}{\partial y}\Delta y\right)\Delta x \Delta z \Delta t + \left(J_z + \frac{\partial J_z}{\partial z}\Delta z\right)\Delta x \Delta y \Delta t \tag{3.20}$$

六面体内水量的增量为

$$\Delta V = \frac{\partial \theta}{\partial t}\Delta x \Delta y \Delta z \Delta t \tag{3.21}$$

根据质量守恒定律：

$$V_{\text{in}} = V_{\text{out}} + \Delta V \tag{3.22}$$

将上述各项代入质量守恒表达式，等式两边同时除以 $\Delta x \Delta y \Delta z \Delta t$，可得：

$$\frac{\partial \theta}{\partial t} = -\frac{\partial J_x}{\partial x} - \frac{\partial J_y}{\partial y} - \frac{\partial J_z}{\partial z} \tag{3.23}$$

这即是土壤水运动连续性方程。如果考虑土壤水的源汇项，式（3.23）可以写为

$$\frac{\partial \theta}{\partial t} = -\frac{\partial J_x}{\partial x} - \frac{\partial J_y}{\partial y} - \frac{\partial J_z}{\partial z} - \gamma \tag{3.24}$$

上式中，γ 可以表示为单位体积土壤内根系吸收水分的速率，量纲为 T^{-1}。用散度的形式表示即为

$$\frac{\partial \theta}{\partial t} = -\nabla \cdot J - \gamma \tag{3.25}$$

3.2.5 Richard 方程

连续性方程包含有通量的散度，而根据达西定律，通量又和水势梯度有关，因此，将达西定律代入连续性方程（3.25），可得土壤水运动基本微分方程：

$$\frac{\partial\theta}{\partial t}=\nabla(K\nabla H)-\gamma \tag{3.26}$$

假定土壤水运动渗透系数主轴方向与坐标轴方向一致，展开后可以写为

$$\frac{\partial\theta}{\partial t}=\frac{\partial}{\partial x}\left[K_x(\theta)\frac{\partial H}{\partial x}\right]+\frac{\partial}{\partial y}\left[K_y(\theta)\frac{\partial H}{\partial y}\right]+\frac{\partial}{\partial z}\left[K_z(\theta)\frac{\partial H}{\partial z}\right]-\gamma \tag{3.27}$$

假设土壤各向同性，那么各个方向的水力传导度相等，所以式（3.27）可以写为

$$\frac{\partial\theta}{\partial t}=\frac{\partial}{\partial x}\left[K(\theta)\frac{\partial H}{\partial x}\right]+\frac{\partial}{\partial y}\left[K(\theta)\frac{\partial H}{\partial y}\right]+\frac{\partial}{\partial z}\left[K(\theta)\frac{\partial H}{\partial z}\right]-\gamma \tag{3.28}$$

如果是在饱和土壤中，土壤含水率随时间不变。如果忽略根系吸收水分，式（3.28）可以写为

$$\frac{\partial}{\partial x}\left(\frac{\partial H}{\partial x}\right)+\frac{\partial}{\partial y}\left(\frac{\partial H}{\partial y}\right)+\frac{\partial}{\partial z}\left(\frac{\partial H}{\partial z}\right)=0 \tag{3.29}$$

式（3.29）称为饱和流的拉普拉斯方程。

一般在非饱和土壤中，土水势主要由重力势和基质势构成。而重力势由其位置决定。在 x，y 方向上重力势梯度为 0，而在 z 方向上重力势梯度为 1（向上为正）。式（3.28）可以改写为

$$\frac{\partial\theta}{\partial t}=\frac{\partial}{\partial x}\left[K(\theta)\frac{\partial h}{\partial x}\right]+\frac{\partial}{\partial y}\left[K(\theta)\frac{\partial h}{\partial y}\right]+\frac{\partial}{\partial z}\left[K(\theta)\frac{\partial h}{\partial z}+K(\theta)\right]-\gamma \tag{3.30}$$

式（3.30）中，有土壤含水率与基质势两个变量，实际应用时需要减少待求解变量个数。我们知道，土壤水分特征曲线已经描述了土壤吸力与土壤含水率之间的关系，可以利用这个关系来减少 Richard 方程变量的个数。我们做如下定义：

$$C(h)=\frac{\partial\theta}{\partial h} \tag{3.31}$$

$$D(\theta)=\frac{K(\theta)}{C(\theta)} \tag{3.32}$$

式中：$C(h)$ 为比水容重；$D(\theta)$ 为土壤水的扩散率。

则式（3.30）可以分别写为

$$\frac{\partial\theta}{\partial t}=\frac{\partial}{\partial x}\left[D(\theta)\frac{\partial\theta}{\partial x}\right]+\frac{\partial}{\partial y}\left[D(\theta)\frac{\partial\theta}{\partial y}\right]+\frac{\partial}{\partial z}\left[D(\theta)\frac{\partial\theta}{\partial z}+K(\theta)\right]-\gamma \tag{3.33}$$

式（3.33）称为 Richard 方程的含水率形式。

$$C(h)\frac{\partial h}{\partial t}=\frac{\partial}{\partial x}\left[K(h)\frac{\partial h}{\partial x}\right]+\frac{\partial}{\partial y}\left[K(h)\frac{\partial h}{\partial y}\right]+\frac{\partial}{\partial z}\left[K(h)\frac{\partial h}{\partial z}+K(h)\right]-\gamma \tag{3.34}$$

式（3.34）称为 Richard 方程的基质势形式。

3.2.6 Richard 方程的柱坐标形式

Richard 方程也可以写成柱坐标形式。如果圆柱中心轴在 z 轴方向，在（r，φ，z）

处，同样可以选取一个微小的六面体，如图 3.6 所示。微小六面体的径向长度为 Δr，弧度为 $\Delta\varphi$，高度为 Δz，且有 Δr，$\Delta\varphi$，$\Delta z>0$。

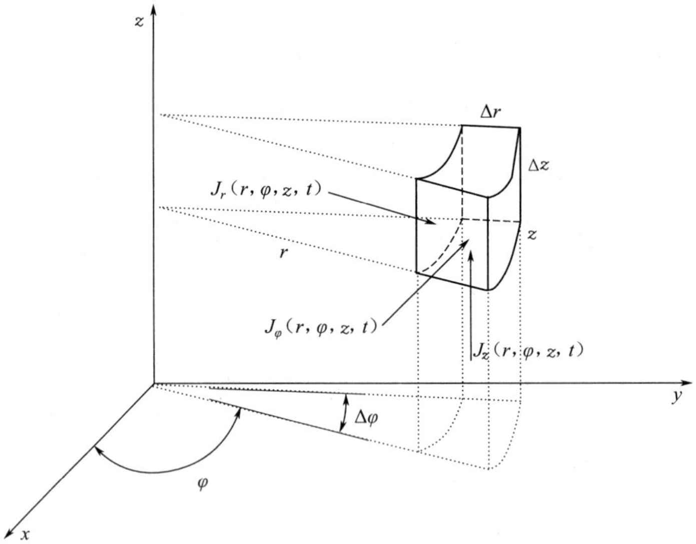

图 3.6 以 z 轴为柱中心轴时微小单元体通量示意图

在一个微小的 Δt 时段内，流入六面体的水量为

$$V_{\text{in}}=J_r r\Delta\varphi\Delta z\Delta t+J_\varphi\Delta r\Delta z\Delta t+J_z 2r\Delta r\,\frac{\Delta\varphi}{2}\Delta t \tag{3.35}$$

流出六面体的水量为

$$V_{\text{out}}=\left(J_r+\frac{\partial J_r}{\partial r}\Delta r\right)(r+\Delta r)\Delta\varphi\Delta z\Delta t+\left(J_\varphi+\frac{\partial J_\varphi}{\partial\varphi}\Delta\varphi\right)\Delta r\Delta z\Delta t+\left(J_z+\frac{\partial J_z}{\partial z}\Delta z\right)2r\Delta r\,\frac{\Delta\varphi}{2}\Delta t \tag{3.36}$$

六面体内水量的增量为

$$\Delta V=\frac{\partial\theta}{\partial t}\Delta t 2r\Delta r\,\frac{\Delta\varphi}{2}\Delta z \tag{3.37}$$

根据质量守恒定律，可得

$$V_{\text{in}}=V_{\text{out}}+\Delta V \tag{3.38}$$

代入上述各项，移项，方程两边同时除以 $r\Delta r\Delta\varphi\Delta z\Delta t$，则有

$$\frac{\partial\theta}{\partial t}=-\frac{J_r}{r}-\frac{\partial(J_r)}{\partial r}-\frac{1}{r}\frac{\partial J_\varphi}{\partial\varphi}-\frac{\partial J_z}{\partial z} \tag{3.39}$$

根据达西定律，三个方向上的通量为

$$\left.\begin{aligned}J_r&=-K_r(\theta)\frac{\partial H}{\partial r}\\J_\varphi&=-K_\varphi(\theta)\frac{\partial H}{r\partial\varphi}\\J_z&=-K_z(\theta)\frac{\partial H}{\partial z}\end{aligned}\right\} \tag{3.40}$$

将通量代入连续性方程（3.39），并将土水势改为基质势，则可得到

$$\frac{\partial\theta}{\partial t}=\frac{1}{r}K(h)\frac{\partial h}{\partial r}+\frac{\partial}{\partial r}\left[K(h)\frac{\partial h}{\partial r}\right]+\frac{1}{r^2}\frac{\partial}{\partial\varphi}\left[K(h)\frac{\partial h}{\partial\varphi}\right]+\frac{\partial}{\partial z}\left[K(h)\frac{\partial h}{\partial z}+K(h)\right] \tag{3.41}$$

式（3.41）即为 z 轴为圆柱中心轴时的土壤水运动微分方程。同样的，这个方程也有含水率形式和基质势形式（考虑源汇项）如下：

$$\frac{\partial\theta}{\partial t}=\frac{1}{r}D(\theta)\frac{\partial\theta}{\partial r}+\frac{\partial}{\partial r}\left[D(\theta)\frac{\partial\theta}{\partial r}\right]+\frac{1}{r^2}\frac{\partial}{\partial\varphi}\left[D(\theta)\frac{\partial\theta}{\partial\varphi}\right]+\frac{\partial}{\partial z}\left[D(\theta)\frac{\partial\theta}{\partial z}+K(\theta)\right]-\gamma \tag{3.42}$$

$$C(\theta)\frac{\partial h}{\partial t}=\frac{1}{r}K(h)\frac{\partial h}{\partial r}+\frac{\partial}{\partial r}\left[K(h)\frac{\partial h}{\partial r}\right]+\frac{1}{r^2}\frac{\partial}{\partial\varphi}\left[K(h)\frac{\partial h}{\partial\varphi}\right]+\frac{\partial}{\partial z}\left[K(\theta)\frac{\partial h}{\partial z}+K(h)\right]-\gamma \tag{3.43}$$

如果以 x 轴（或 y 轴）为圆柱中心轴（图 3.7），则土壤水运动连续性方程为

$$\frac{\partial\theta}{\partial t}=-\frac{1}{r}J_r-\frac{\partial(J_r)}{\partial r}-\frac{1}{r}\frac{\partial J_\varphi}{\partial\varphi}-\frac{\partial J_x}{\partial x} \tag{3.44}$$

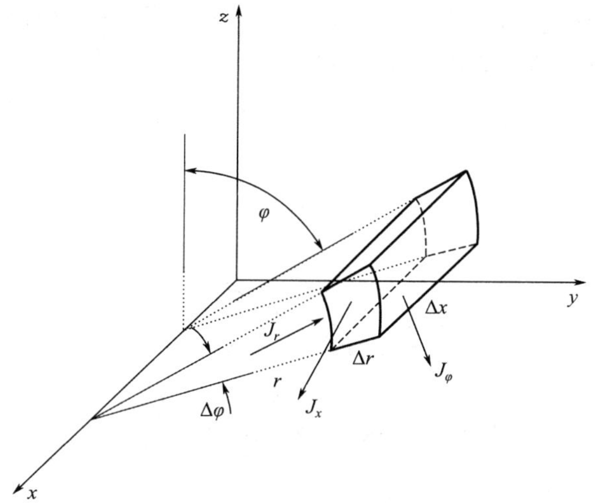

图 3.7 以 x 轴为圆柱中心轴时微小单元体通量示意图

根据达西定律，三个方向上的通量为

$$\left.\begin{aligned}J_r&=-K_r(\theta)\frac{\partial H}{\partial r}\\J_\varphi&=-K_\varphi(\theta)\frac{\partial H}{r\partial\varphi}\\J_x&=-K_x(\theta)\frac{\partial H}{\partial x}\end{aligned}\right\} \tag{3.45}$$

代入连续性方程，则土壤水运动基本方程为

$$\frac{\partial\theta}{\partial t}=\frac{1}{r}K(H)\frac{\partial H}{\partial r}+\frac{\partial}{\partial r}\left[K(H)\frac{\partial H}{\partial r}\right]+\frac{1}{r^2}\frac{\partial}{\partial\varphi}\left[K(H)\frac{\partial H}{\partial\varphi}\right]+\frac{\partial}{\partial x}\left[K(H)\frac{\partial H}{\partial x}\right] \tag{3.46}$$

此时，土水势 H 为

$$H=h+z=h+r\cos\varphi \tag{3.47}$$

将土水势代入式（3.46），展开并消去$\frac{\cos\varphi}{r}K(h)$，可得

$$\frac{\partial\theta}{\partial t}=\frac{1}{r}K(h)\frac{\partial h}{\partial r}+\frac{\partial}{\partial r}\left[K(h)\frac{\partial h}{\partial r}\right]+\cos\varphi\frac{\partial}{\partial r}[K(h)]+\frac{1}{r^2}\frac{\partial}{\partial\varphi}\left[K(h)\frac{\partial h}{\partial\varphi}\right]-\frac{\sin\varphi}{r}\frac{\partial}{\partial\varphi}[K(h)]+\frac{\partial}{\partial x}\left[K(h)\frac{\partial h}{\partial x}\right] \tag{3.48}$$

式（3.48）的含水率形式和基质势形式在这里省略。

如果柱中心轴 x 方向土水势梯度为 0，则三维土壤水运动可以变化为二维极坐标系运动，式（3.39）可改写为

$$\frac{\partial\theta}{\partial t}=-\frac{J_r}{r}-\frac{\partial(J_r)}{\partial r}-\frac{1}{r}\frac{\partial J_\varphi}{\partial\varphi} \tag{3.49}$$

其他后续推导过程省略。

3.2.7　Richard 方程的球坐标形式

Richard 方程的球坐标形式介绍如下。球坐标系下三个坐标变量分别为 r，φ，α。同样取一微小六面体，微小六面体的径向长度为 Δr，水平弧度（球体经度）为 $\Delta\varphi$，垂向弧度为 $\Delta\alpha$，且有 Δr，$\Delta\varphi$，$\Delta\alpha$ 为正。如图 3.8 所示。

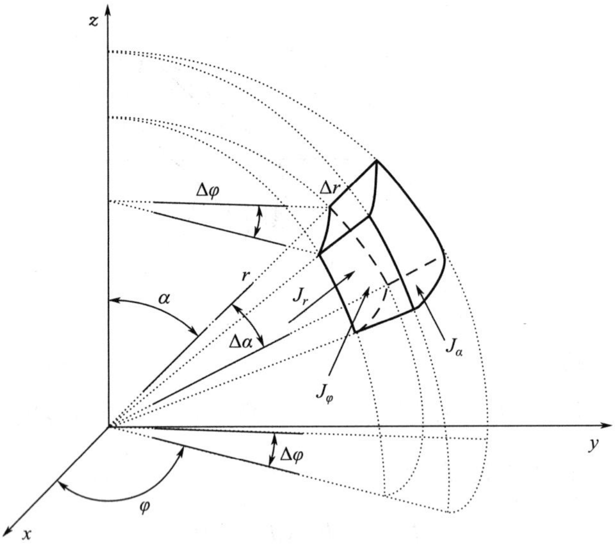

图 3.8　球坐标系微小单元体通量示意图

对于图 3.8 所示微小六面体，在 J_r 方向上的截面面积[1]为

$$\Delta S_r=\begin{cases}\Delta\varphi r\sin\alpha r\Delta\alpha\\ \Delta\varphi(r+\Delta r)\sin\alpha(r+\Delta r)\Delta\alpha\end{cases} \tag{3.50}$$

在 J_α 方向上的截面面积为

[1] 在（r，φ，α）处经度方向长度为 $\Delta\varphi r\sin\alpha$，纬度方向长度为 $r\Delta\alpha$，面积为两者之积。

$$\Delta S_{\alpha}=\begin{cases}\Delta\varphi r\sin\alpha\Delta r\\ \Delta\varphi r\sin(\alpha+\Delta\alpha)\Delta r\end{cases} \tag{3.51}$$

在 J_{φ} 方向上的截面面积为

$$\Delta S_{\varphi}=r\Delta\alpha\Delta r \tag{3.52}$$

六面体的体积为

$$\Delta V_1=\Delta\varphi r\sin\alpha r\Delta\alpha\Delta r \tag{3.53}$$

则在一个微小的 Δt 时段内，流入六面体的水量为

$$V_{\text{in}}=J_r\Delta\varphi r\sin\alpha r\Delta\alpha\Delta t+J_{\varphi}r\Delta\alpha\Delta r\Delta t+J_{\alpha}\Delta\varphi r\sin\alpha\Delta r\Delta t \tag{3.54}$$

流出六面体的水量为

$$V_{\text{out}}=\left(J_r+\frac{\partial J_r}{\partial r}\Delta r\right)\Delta\varphi(r+\Delta r)\sin\alpha(r+\Delta r)\Delta\alpha\Delta t+\left(J_{\varphi}+\frac{\partial J_{\varphi}}{\partial\varphi}\Delta\varphi\right)r\Delta\alpha\Delta r\Delta t+\left(J_{\alpha}+\frac{\partial J_{\alpha}}{\partial\alpha}\Delta\alpha\right)\Delta\varphi r\sin(\alpha+\Delta\alpha)\Delta r\Delta t \tag{3.55}$$

六面体内水量的增量为

$$\Delta V=\frac{\partial\theta}{\partial t}\Delta t\Delta\varphi r\sin\alpha r\Delta\alpha\Delta r \tag{3.56}$$

根据质量守恒定律：

$$V_{\text{in}}=V_{\text{out}}+\Delta V \tag{3.57}$$

代入上述各项，移项，方程两边同时除以 $\Delta\varphi r\sin\alpha r\Delta\alpha\Delta r\Delta t$，则有

$$\frac{\partial\theta}{\partial t}=-\frac{1}{r^2}\frac{\partial(r^2J_r)}{\partial r}-\frac{1}{r\sin\alpha}\frac{\partial J_{\varphi}}{\partial\varphi}-\frac{1}{r\sin\alpha}\frac{\partial(J_{\alpha}\sin\alpha)}{\partial\alpha} \tag{3.58}$$

根据达西定律，三个方向上的通量为

$$\left.\begin{aligned}J_r&=-K_r(\theta)\frac{\partial H}{\partial r}\\ J_{\varphi}&=-K_{\varphi}(\theta)\frac{\partial H}{r\sin\alpha\partial\varphi}\\ J_{\alpha}&=-K_{\alpha}(\theta)\frac{\partial H}{r\partial\alpha}\end{aligned}\right\} \tag{3.59}$$

代入连续性方程，则土壤水运动基本微分方程为

$$\frac{\partial\theta}{\partial t}=\frac{1}{r^2}\frac{\partial}{\partial r}\left[r^2K_r(\theta)\frac{\partial H}{\partial r}\right]+\frac{1}{(r\sin\alpha)^2}\frac{\partial}{\partial\varphi}\left[K_{\varphi}(\theta)\frac{\partial H}{\partial\varphi}\right]+\frac{1}{r^2\sin\alpha}\frac{\partial}{\partial\alpha}\left[K_{\alpha}(\theta)\sin\alpha\frac{\partial H}{\partial\alpha}\right] \tag{3.60}$$

此时，土水势 H 为

$$H=h+z=h+r\cos\alpha \tag{3.61}$$

将土水势代入式（3.60），可得

$$\frac{\partial\theta}{\partial t}=\frac{1}{r^2}\frac{\partial}{\partial r}\left[r^2K_r(\theta)\frac{\partial}{\partial r}(h+r\cos\alpha)\right]+\frac{1}{(r\sin\alpha)^2}\frac{\partial}{\partial\varphi}\left[K_{\varphi}(\theta)\frac{\partial}{\partial\varphi}(h+r\cos\alpha)\right]+\frac{1}{r^2\sin\alpha}\frac{\partial}{\partial\alpha}\left[K_{\alpha}(\theta)\sin\alpha\frac{\partial}{\partial\alpha}(h+r\cos\alpha)\right] \tag{3.62}$$

进一步简化后，可得

$$\frac{\partial\theta}{\partial t}=\frac{1}{r^2}\frac{\partial}{\partial r}\left[r^2K_r(\theta)\frac{\partial h}{\partial r}\right]+\frac{\cos\alpha}{r^2}\frac{\partial}{\partial r}[r^2K_r(\theta)]+\frac{1}{(r\sin\alpha)^2}\frac{\partial}{\partial\varphi}\left[K_\varphi(\theta)\frac{\partial h}{\partial\varphi}\right]+\frac{1}{r^2\sin\alpha}\frac{\partial}{\partial\alpha}\left[\sin\alpha K_\alpha(\theta)\frac{\partial h}{\partial\alpha}\right]-\frac{\sin\alpha}{r}\frac{\partial}{\partial\alpha}[K_\alpha(\theta)]-\frac{2\cos\alpha K_\alpha(\theta)}{r} \tag{3.63}$$

含水率形式和基质势形式（土壤各向同性）如下：

$$\frac{\partial\theta}{\partial t}=\frac{1}{r^2}\frac{\partial}{\partial r}\left[r^2D(\theta)\frac{\partial\theta}{\partial r}\right]+\frac{\cos\alpha}{r^2}\frac{\partial}{\partial r}[r^2K(\theta)]+\frac{1}{(r\sin\alpha)^2}\frac{\partial}{\partial\varphi}\left[D(\theta)\frac{\partial\theta}{\partial\varphi}\right]+\frac{1}{r^2\sin\alpha}\frac{\partial}{\partial\alpha}\left[\sin\alpha D(\theta)\frac{\partial\theta}{\partial\alpha}\right]-\frac{\sin\alpha}{r}\frac{\partial}{\partial\alpha}[K(\theta)]-\frac{2\cos\alpha K(\theta)}{r} \tag{3.64}$$

$$C(h)\frac{\partial h}{\partial t}=\frac{1}{r^2}\frac{\partial}{\partial r}\left[r^2K(h)\frac{\partial h}{\partial r}\right]+\frac{\cos\alpha}{r^2}\frac{\partial}{\partial r}[r^2K(h)]+\frac{1}{(r\sin\alpha)^2}\frac{\partial}{\partial\varphi}\left[K(h)\frac{\partial h}{\partial\varphi}\right]+\frac{1}{r^2\sin\alpha}\frac{\partial}{\partial\alpha}\left[\sin\alpha K(h)\frac{\partial h}{\partial\alpha}\right]-\frac{\sin\alpha}{r}\frac{\partial}{\partial\alpha}[K(h)]-\frac{2\cos\alpha K(h)}{r} \tag{3.65}$$

3.2.8 土壤水运动基本微分方程定解条件

如果是非稳定流问题，即$\frac{\partial\theta}{\partial t}\neq 0$时，我们需要给定初始条件来求解。初始条件一般给定$\theta$或$h$的初始值，例如：

$$\theta(x,y,z,t)=\theta_0(x,y,z)\quad t=0,(x,y,z)\in D \tag{3.66}$$

或

$$h(x,y,z,t)=h_0(x,y,z)\quad t=0,(x,y,z)\in D \tag{3.67}$$

上式中，D表示实际问题影响的区域。

除了初始条件，我们还需要给定所在区域的边界条件。根据选择的基本方程的形式，可以给定关于θ或h的边界条件。边界条件有三类，区别如下：

第一类边界条件：待求解变量θ或h在边界处的值已知，也称为Dirichlet边界条件。

第二类边界条件：待求解变量θ或h的一阶偏导已知，也称为Neumann边界条件。

第三类边界条件：待求解变量θ或h及其一阶偏导的线性组合已知，也叫Cauchy边界条件。

用数学式表达如下：

$$\alpha Y+\beta\frac{\partial Y}{\partial n}=g \tag{3.68}$$

式中：Y代表待求解变量θ或h，$\frac{\partial Y}{\partial n}$表示待求解变量在边界处的梯度，$g$代表已知值，$\alpha$和$\beta$为常数。如果$\alpha\neq 0$而$\beta=0$，则为第一类边界条件；如果$\alpha=0$而$\beta\neq 0$，则为第二类边界条件，如果$\alpha\neq 0$且$\beta\neq 0$，则为第三类条件。

实际问题的求解，可以参照以下步骤来进行：

(1) 确定问题的维度；判断所要解决的土壤水流问题是一维问题、二维问题还是三维问题。

(2) 选择合适的坐标系统；如果是二维或者三维问题，则需要根据具体问题考虑选取直角坐标系、柱坐标系、极坐标系或者球坐标系。

(3) 确定主导方程；确定了问题的维度、坐标系统，就需要根据上文介绍的各种情况确定合适的描述土壤水分运动基本微分方程。

(4) 确定初始条件；根据实际问题设定合适的初始条件；如果是稳定流问题则跳过此步骤。

(5) 确定边界条件；根据实际问题确定合适的边界条件。

(6) 选择土壤水分特征函数；可以选择上文介绍的 van Genuchten 模型。

(7) 根据以上步骤确定的各种条件，输入到数学模型计算软件（例如 Hydrus 软件）中进行求解。

【例 3.3】 有一块旱地，地下水位保持在深度 d 处，地表蒸发速率为 I。假设该区域土壤为均质土壤。忽略侧向水分运动和根系吸水。试写出该旱地地下水位以上区域土壤水分运动方程和定解条件。

【解】 该旱地土壤水分运动可视为一维土壤水分运动。主导方程可以用一维土壤水运动连续性方程来描述，即

$$\frac{\partial\theta}{\partial t}=\frac{\partial}{\partial z}\left[K(\theta)\frac{\partial h}{\partial z}+K(\theta)\right] \tag{3.69}$$

由于地下水位保持不变，该问题可视为稳定流问题。其上边界条件为第三类边界条件：

$$-\left[K(\theta)\frac{\partial h}{\partial z}+K(\theta)\right]=I \quad z=0 \tag{3.70}$$

而下边界条件则为第一类边界条件：

$$h=0 \quad z=-d \tag{3.71}$$

【例 3.4】 假设有一输水渠道，其半径为 R，渠道水面平齐地面。渠道由于衬砌原因有渗漏现象。沿法向方向渗漏速率为 I。在渗漏发生初始时刻，渠道周围土壤含水率为 θ_0。请写出在该渗漏存在情况下周围土壤水分运动方程和定解条件。研究区域如图 3.9 所示。假设田块宽度 L 和地下水埋深 h 均远大于 R，忽略蒸发，土壤各向同性。

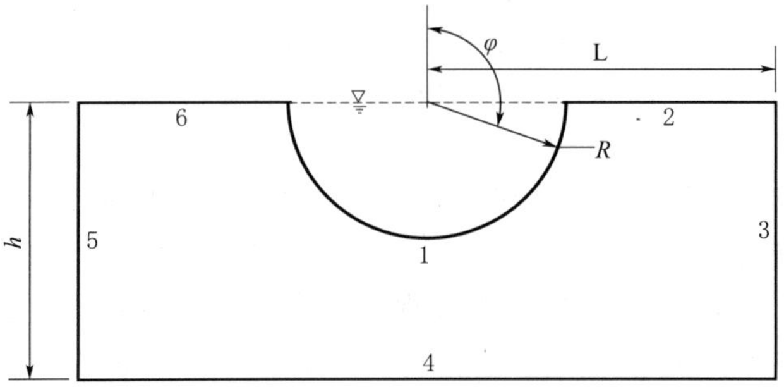

图 3.9 水渠渗漏影响区域

【解】 该土壤水运动为二维运动。由于渗漏方向呈圆柱形发散，因此采用柱坐标更方便。以渠道剖面原点为坐标原点。

参照式 (3.48)，则主导方程可以写为

$$\frac{\partial\theta}{\partial t}=\frac{1}{r}K(h)\frac{\partial h}{\partial r}+\frac{\partial}{\partial r}\left[K(h)\frac{\partial h}{\partial r}\right]+\cos\varphi\frac{\partial}{\partial r}[K(h)]+\frac{1}{r^2}\frac{\partial}{\partial\varphi}\left[K(h)\frac{\partial h}{\partial\varphi}\right]-\frac{\sin\varphi}{r}\frac{\partial}{\partial\varphi}[K(h)] \tag{3.72}$$

初始条件为

$$\theta=\theta_0 \quad t=0 \tag{3.73}$$

边界条件分别定义如下。边界1选择第三类边界条件，表达式为

$$-K(\theta)\frac{\partial}{\partial r}(h+r\cos\varphi)=I \quad r=R \quad \pi/2\leqslant\varphi\leqslant 3\pi/2 \tag{3.74}$$

边界2和边界6选择第三类边界条件，表达式为

$$-K(\theta)\frac{\partial}{r\partial\varphi}(h+r\cos\varphi)=0 \quad R\leqslant r\leqslant L\varphi=\pi/2 \text{ 或 } \varphi=3\pi/2 \tag{3.75}$$

边界3和边界5选择第二类边界条件，表达式为

$$\frac{\partial h}{\partial r}=0 \quad \frac{\partial h}{\partial\varphi}=0r\cos(\varphi-\pi/2)=L \text{ 或}-L\pi/2\leqslant\varphi\leqslant 3\pi/2 \tag{3.76}$$

边界4选择第二类边界条件，表达式为

$$\frac{\partial h}{\partial r}=0 \quad \frac{\partial h}{\partial\varphi}=0r\sin(\varphi-\pi/2)=-h \quad \pi/2\leqslant\varphi\leqslant 3\pi/2 \tag{3.77}$$

3.3 土壤水分的管理与利用

3.3.1 灌溉对土壤水分的影响

农田灌溉方式对土壤水量影响显著。党建友等发现在0～40cm土层，土壤含水率表现为微喷灌＞漫灌＞滴灌，而在40～100cm土层，土壤含水率表现为漫灌＞微喷灌＞滴灌。微喷灌有利于保持0～40cm土层土壤含水率。灌溉方式对土壤含水率的影响随土壤深度增加而减少[10]。马宜修与和文祥发现滴灌处理土壤含水率显著高于浇灌处理[11]。牟洪臣等认为，相比漫灌方式而言，北疆棉田采用滴灌方式下土壤水分入渗均匀和洗盐效果明显[12]。因此，灌溉定额相同条件下，采用节水灌溉方式能够更有效地增加土壤水分。灌溉方式同时还能够影响到土壤水分分布情况。沈明卫和郝飞麟发现，滴灌方式下，土壤水分主要集中在土壤根区，土壤水分呈近球状分布；而喷灌方式下，土壤水分呈分层递减现象[13]。

除灌溉方式对土壤水分影响外，灌溉定额也能够影响土壤水分。牟洪臣等发现冬灌的灌溉定额增加能够有效增加土壤水分影响深度[12]。吴娇等发现大田膜下滴灌试验中土壤水分随灌溉定额增加而增加[14]。焦萍等发现随着灌溉定额的增大，核桃根区土壤水分活跃层向上移，土壤储水层向下移。450m^3/hm^2的灌溉定额既能有效补给土壤水分，又能避免深层渗漏损失[15]。

曹红霞等发现，在相同灌水量条件下，灌水频率加大，上部土层水分含量在一定范围内增高，且湿润锋深度变浅，上部土层蓄水量增加[16]。吴争光等也发现，在相同灌溉定额情况下，高频灌溉可以明显增加土壤含水量[17]。总而言之，田间节水灌溉方式、更大的灌溉定额、高频率灌溉能够增加土壤含水量。

3.3.2 覆膜对土壤水分的影响

覆膜管理方式包括全覆膜和半覆膜。齐智娟对河套灌区盐碱玉米地土壤水分研究[18]发现，全覆膜方式大幅提高玉米各时期0～70cm深度土壤储水量，垄作全膜处理各阶段土壤含水率最高，保水效果明显。李彬等也发现0～50cm土层的土壤储水量呈现垄作全覆膜＞垄作半覆膜＞传统平作，表明了覆膜方式促进了土壤保水效果[19]。孙梦媛等也证实全覆膜提高了土壤保水能力[20]。覆膜对于土壤水分影响主要通过集雨、蓄水、和保墒效应来完成。

阎晓光等利用可降解地膜进行覆膜实验，发现可降解地膜也能够促进土壤水分增加，但其保水效果逊于普通地膜[21]。王凯瑜等也发现覆膜可显著提高冬小麦地0～100cm土壤储水量，但是苗期后生物可降解地膜的保水效果要低于普通地膜的保水效果。另外，覆膜后100～200cm土层含水量要低于不覆膜的处理[22]。表明覆膜主要增加地表土层保水性。

3.3.3 垄作和耕作对土壤水分的影响

齐智娟对河套灌区盐碱玉米地土壤水分研究[18]发现，垄作方式下不同时期的土壤水分含量均要高于平作方式下的水分含量。孙梦媛等通过田间试验也发现垄作能够增加土壤含水量[20]。谢军红等分析玉米地覆膜条件下播种前土壤储水量发现，垄作方式相比平作方式能够增加土壤水分[23]。因此，垄作方式有利于田间土壤储水。

张文丽等发现东北黑土玉米连作和玉米大豆轮作时免耕能够增加土壤含水量[24]。胡锦昇等认为免耕和秸秆地膜覆盖能够有效调控土壤水分运动[25]。战秀梅发现隔年深翻30cm耕作和秸秆连年还田两种措施都能够显著增加辽南地区雨养春玉米地土壤水分[26]。贺建华等认为免耕有益于提高耕层土壤水分，深松与翻耕轮耕则会促进土壤水分的下渗，免耕与深松轮耕更有利于深层土壤水分的提高[27]。总之，免耕措施能够增加表面土壤水分，而耕作则会有利于降水和灌溉向深层渗入，对深层土壤水分补给有利。

3.3.4 土壤水与作物生长

作物对土壤水的利用对其生长有重要意义。华北平原是我国冬小麦和夏玉米的主产区，主要采用冬小麦—夏玉米一年两熟种植制度[28]。在华北地区，降水、灌溉和土壤供水是冬小麦耗水的主要来源，降水较少年份土壤供水和降水在耗水构成中所占比例较大[29]。在地下水埋深较大的地区，深层土壤储水主要是由于大量降雨或大定额灌水即通常所指的深层渗漏而形成的；在地下水埋深较浅的地区，地下水也为深层土壤储水的重要补给源[30]。

土壤深层储水具有很高的生物有效性，开发利用的潜力很大。在华北地区，一般年份10月中旬50～200cm厚土层有效含水量达到170mm左右，相当于含水1725m^3/hm^2[28]。孔箐锌等[29]发现，不同灌溉处理下，冬小麦对不同层次土壤水的利用存在差异，无灌溉或灌溉量较少时，冬小麦主要利用深层土壤水，但是灌溉次数增加后，则主要利用表层土壤水。薛丽华等发现，在限额灌溉条件下，深层土壤供水及深层根系活动对维持小麦生长发育至关重要。晚播冬小麦春季灌拔节水可以促进根系深扎，增加深土层的根系分布量，提高对深层土壤储水的吸收利用[31]。郭晓磊等发现大水漫灌处理下冬小麦主要利用上层（0～50cm）土壤水分，而低速率灌溉处理增强了植株根系对深层（70～100cm）土壤水分的吸收[32]。谢军红等发现玉米地全覆膜沟垄作会提高玉米产量，但也增加玉米对土壤水分的消耗[23]。

思考题

1. 简述土水势的组成部分。
2. 均质非均质、各向同性各向异性土质分别指代什么意思?
3. 简述 Richard 方程的坐标形式。
4. 求解土壤水分运动基本微分方程需要的定解条件。
5. 如何管理农田土壤水分?

参考文献

[1] 雷志栋,杨诗秀,谢森传. 土壤水动力学[M]. 北京:清华大学出版社,1988.

[2] 朱学愚,钱孝星. 地下水水文学[M]. 北京:中国环境科学出版社,2005.

[3] 秦耀东. 土壤物理学[M]. 北京:高等教育出版社,2003.

[4] 郭元裕. 农田水利学[M]. 第3版. 北京:中国水利水电出版社,1997.

[5] van Genuchten M T. A closed-form equation for predicting the hydraulic conductivity of unsaturated soils [J]. Soil Science Society of America Journal, 1980, 44 (5): 892-898.

[6] van Genuchten M T, Leij F J, Yates S R. The RETC Code for Quantifying the Hydraulic Functions of Unsaturated Soils, EPA/600/2-91/065 [R]. Riverside, California: U. S. Salinity Laboratory, ARS, USDA, 1991.

[7] 杨金忠,朱焱,查元源,等. 地下水与土壤水运动数学模型和数值方法[M]. 北京:科学出版社,2016.

[8] 薛禹群. 地下水动力学原理[M]. 北京:地质出版社,1986.

[9] USDA-Natural Resources Conservation Service. Saturated Hydraulic Conductivity in Relation to Soil Texture [EB/OL]. [2016/11/2]. http://www.nrcs.usda.gov/wps/portal/nrcs/detail/soils/survey/office/ssr10/tr/?cid=nrcs144p2_074846.

[10] 党建友,裴雪霞,张定一,等. 灌溉方法与施氮对土壤水分、硝态氮和小麦生长发育的调控效应[J]. 应用生态学报,2019:1-11.

[11] 马宜修,和文祥. 灌溉方式对土壤水盐分布和棉花生长的影响[J]. 新疆农垦科技,2017,40(12):26-29.

[12] 牟洪臣,王振华,陈小芹,等. 北疆棉田不同冬灌方式下的土壤水、盐分布的特点及适宜灌水定额[J]. 华北农学报,2017,32(S1):319-324.

[13] 沈明卫,郝飞麟. 灌溉方式对土壤中水分运动影响的模拟研究[J]. 浙江大学学报(农业与生命科学版),2006(2):186-190.

[14] 吴娇,尹娟,耿浩杰,等. 滴灌下不同灌水处理对马铃薯水氮运移及产量的影响[J]. 节水灌溉,2019(1):22-25.

[15] 焦萍,虎胆·吐马尔白,米力夏提·米那多拉,等. 不同灌溉定额下核桃根区土壤水分动态变化[J]. 新疆农业大学学报,2018,41(3):204-209.

[16] 曹红霞,康绍忠,何华. 蒸发和灌水频率对土壤水分分布影响的研究[J]. 农业工程学报,2003(6):1-4.

[17] 吴争光,虎胆·吐马尔白,张金珠,等. 不同灌水频率棉花膜下滴灌土壤水盐运移规律研究[J]. 新疆农业大学学报,2009,32(4):50-54.

[18]　齐智娟．河套灌区盐碱地玉米膜下滴灌土壤水盐热运移规律及模拟研究［D］．中国科学院教育部水土保持与生态环境研究中心，2016.

[19]　李彬，戚迎龙，赵沛义，等．模拟降雨条件下垄膜方式对土壤蓄水效应影响［J］．人民黄河，2019，41（3）：100－105.

[20]　孙梦媛，刘景辉，赵宝平，等．全覆膜垄作种植对旱作马铃薯生长和土壤特性的影响［J］．水土保持学报，2018，32（5）：262－269.

[21]　阎晓光，李洪，董红芬，等．可降解地膜覆盖对土壤水热及春玉米产量的影响［J］．中国农学通报，2018，34（33）：32－37.

[22]　王凯瑜，李援农，方恒，等．覆膜集雨补灌对冬小麦产量和水分利用效率的影响［J］．排灌机械工程学报，2019：1－8.

[23]　谢军红，李玲玲，张仁陟，等．覆膜、沟垄作对旱作农田玉米产量和水分利用的叠加效应［J］．作物学报，2018，44（2）：268－277.

[24]　张文丽，贾淑霞，张延，等．长期保护性耕作对农田土壤水分和呼吸的影响［J］．土壤与作物，2019，8（1）：23－31.

[25]　胡锦昇，樊军，付威，等．保护性耕作措施对旱地春玉米土壤水分和硝态氮淋溶累积的影响［J］．应用生态学报，2019：1－14.

[26]　战秀梅，宋涛，冯小杰，等．耕作及秸秆还田对辽南地区土壤水分及春玉米水分利用效率的影响［J］．沈阳农业大学学报，2017，48（6）：666－672.

[27]　贺建华，王平，陈娟，等．不同轮耕方式对旱作区土壤容重、水分及春玉米产量的影响［J］．土壤通报，2018，49（2）：415－422.

[28]　李全起，刘孟雨，董宝娣，等．农田深层土壤水利用现状与研究趋势［J］．中国农学通报，2007（9）：599－602.

[29]　孔箐锌，张海林，宋振伟，等．不同灌溉水平对冬小麦耗水构成及利用效率的影响［J］．干旱地区农业研究，2009（4）：37－41.

[30]　刘晓英，苑文昌，李会昌．冬小麦深层土壤储水利用研究［J］．河北水利科技，1995（1）：1－7.

[31]　薛丽华，段俊杰，王志敏，等．不同水分条件对冬小麦根系时空分布、土壤水利用和产量的影响［J］．生态学报，2010（19）：5296－5305.

[32]　郭晓磊，薛绪掌，赵倩，等．灌溉策略对冬小麦水分利用和生长的影响［J］．麦类作物学报，2019，39（2）：194－201.

第 4 章　地 下 水 利 用

地下水是指赋存在地表以下岩土孔隙、裂隙和溶隙中的水。地下水在含水层中流动；含水层指能够透过并给出相当数量水的岩土层，而不能透过并给出或只能透过并给出极少量水的岩土层称为隔水层或者不透水层。能够形成含水层，需要满足三个条件，即有良好的空隙空间，具备储存地下水的地质结构，还要有充足的补充水源[1]。含水层首先是透水层，饱和之后才能称为含水层。本章主要介绍地下水相关概念、地下水运动方程、地下水利用等。

4.1　地 下 水 概 述

地下水按埋藏条件，可分为包气带水、潜水、承压水。包气带水是指地表以下，第一个常年含水层以上的非饱和包气带中的地下水，即一般所指的土壤水。包气带水一般呈垂向运动。潜水是指地表以下按第一个稳定隔水层（或弱透水层）以上，具有自由水面的地下水。承压水是指充满地表以下任意两个隔水层或弱透水层之间，具有承压性质的重力水。上述三种地下水见图 4.1。因此，广义的地下水包含土壤水，而狭义的地下水仅指潜水和承压水。地下水按含水介质，可分为孔隙水、裂隙水及岩溶水。孔隙水是指储存并运动于松散沉积物或胶结不良沉积物的孔隙中的地下水；这些沉积物包括洪积物、冲积物、湖积物、黄土、冰川沉积物等。裂隙水是指储存并运动于裂隙介质中的地下水，包括成岩裂隙水、风化裂隙水、构造裂隙水。岩溶水是指储存并运动于岩溶化岩层中的地下水。

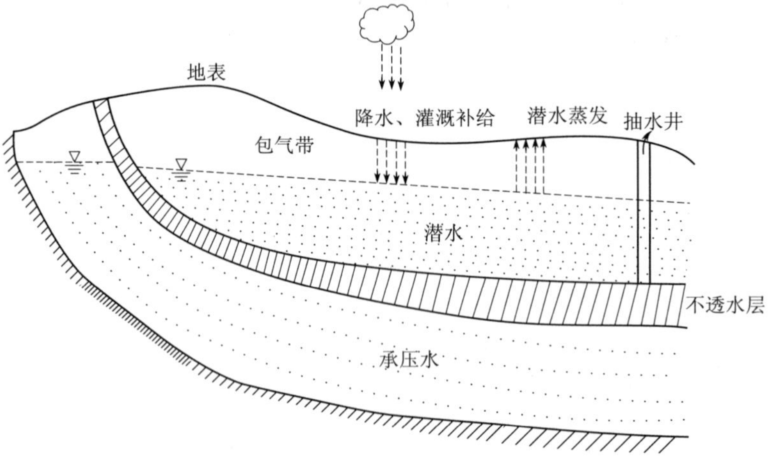

图 4.1　地下水赋存示意图

岩土层能够储存地下水量的一个重要因素是其具有空隙空间。衡量岩土体内空隙多少的重要指标是孔隙度，其定义如下：

$$n=\frac{V_p}{V} \tag{4.1}$$

式中：n 为孔隙度，量纲为 $L^3 L^{-3}$；V_p 为空隙空间体积，量纲为 L^3；V 为岩土层体积，量纲为 L^3。

表 4.1 列出了一些岩土类型的孔隙度值。

表 4.1　典型岩土类型孔隙度数值表[1]

岩土类型	孔隙度/%	岩土类型	孔隙度/%
粗的有填充的砾石	28	砂丘砂	45
粗砂	39	黄土	49
淤泥	46	凝灰岩	41
黏土	42	玄武岩	17
细砂岩	33	风化的花岗岩	45
石灰岩	30		

影响孔隙度大小的主要因素包括岩土颗粒分选程度、排列情况、颗粒形状、胶结填充情况等。分选程度越差，意味着岩土颗粒大小不一，小颗粒填充了大颗粒间的空隙，孔隙度下降。颗粒形状越不规则，排列越松散，则孔隙度越大。有胶结物质填充时，孔隙度也下降。相同粒径颗粒呈立方体排列时，孔隙度最大，为 47.64%；相同粒径颗粒呈四面体排列时，孔隙度最小，为 25.96%[1]。两种排列如图 4.2 所示。

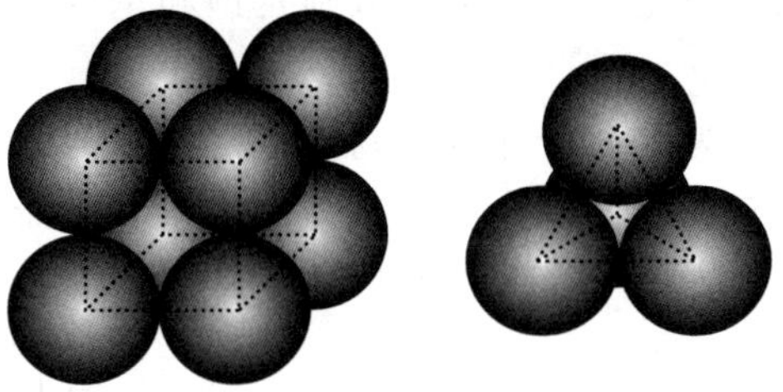

图 4.2　等粒径土壤颗粒正立方体和四面体排列[2]

孔隙度大小与粒径无关，但是孔隙大小与粒径有关。孔隙大小取决于最小颗粒粒径。最小颗粒粒径越小，则孔隙越小。

容水度，指岩土能够容纳一定水量的性能，在数量上等于岩土所能容纳水的体积除以岩土的体积。当岩土空隙被水填充后，容水度等于岩土的孔隙度；但如果是具有膨胀性的黏土，则饱和后其容水度要大于孔隙度。

反应岩土层可以释放出水量的一个重要参数是给水度。给水度（specific yield），也称释水系数，是指单位面积含水层中，地下水位下降一个单位时，所排出的水量。而具体到潜水和承压水两种地下水赋存状况，给水度又可以分为潜水给水度和承压水给水度。

潜水给水度，是指单位面积含水层中，潜水位下降一个单位厚度时，由于含水层疏干而释放出来的水量。潜水给水度等于饱和含水率减去田间持水度[3]。潜水给水度也称为重力释水系数。表 4.2 列出了潜水给水度。

表 4.2　部分岩土类型的潜水给水度[3]

岩土类型	潜水给水度	岩土类型	潜水给水度
黏土	0.01～0.02	粉砂	0.07～0.11
亚黏土（壤土）	0.02～0.04	细砂	0.12～0.16
粉砂质亚砂土（粉砂壤土）	0.04～0.05	中砂	0.18～0.22
亚砂土（砂壤土）	0.05～0.07	粗砂	0.22～0.26

承压水给水度，是指单位面积承压含水层，地下水位下降一个单位时，由于含水层水体膨胀释放，和含水层压力增加而导致的岩土骨架压缩所排挤出的水量之和[3]。承压水给水度也称弹性释水系数。

弹性释水系数反映承压含水层释水性能。而比弹性释水系数，是指承压含水层地下水位下降一个单位时，单位体积含水层释放出的水量。数值上等于弹性释水系数与承压含水层厚度的比值。表 4.3 列出了各种岩土比弹性释水系数值。

表 4.3　各种岩土比弹性释水系数值[3]

岩土类型	比弹性释水系数/m^{-1}	岩土类型	比弹性释水系数/m^{-1}
塑性黏土	$2.4\times10^{-4}\sim1.9\times10^{-3}$	密实砂层	$1.3\times10^{-5}\sim1.9\times10^{-5}$
固结黏土	$1.2\times10^{-4}\sim2.4\times10^{-4}$	密实砂砾	$4.6\times10^{-6}\sim9.4\times10^{-6}$
稍硬黏土	$8.5\times10^{-5}\sim1.2\times10^{-4}$	裂隙岩层	$3.0\times10^{-7}\sim1.9\times10^{-6}$
松散砂层	$4.6\times10^{-5}\sim9.4\times10^{-5}$	固结岩层	$<3.0\times10^{-7}$

比弹性释水系数与比水容重有一定的相似之处。比水容重可以理解为非饱和土壤中单位基质势变化引起的单位体积土壤中含水量的变化。而比弹性释水系数则是饱和承压含水层中单位水头变化引起的单位体积岩土释放水量。

反映岩土透水性能的参数，称为渗透系数，也称为水力传导度。物理上是指水力梯度为 1 时，岩土中水流速率。渗透系数既与岩土介质有关，也与介质中液体的容重和黏滞系数有关；容重越大，黏滞系数越小，则渗透系数越大[1,4]。渗透系数可以表示为

$$K=k\frac{\rho g}{\mu} \tag{4.2}$$

式中：K 为渗透系数，量纲为 $L\,T^{-1}$；k 为渗透率，反映岩土介质的渗透性能，与液体无关，L^2；ρ 为液体密度，量纲为 $M\,L^{-3}$；g 为重力加速度，量纲为 $L\,T^{-2}$；μ 为黏滞系数，量纲为 $M\,L^{-1}\,T^{-1}$。

表 4.4 列出了黄淮海平原地区常用渗透系数经验值。

表 4.4　黄淮海平原地区渗透系数经验值[4]

岩土类型	渗透系数/(m/d)	岩土类型	渗透系数/(m/d)
砂卵石	80	粉细砂	5～8
砂砾石	40～50	粉砂	2～3
粗砂	20～30	亚砂土	0.2
中粗砂	22	亚砂-亚黏土	0.1
中砂	20	亚黏土	0.02
中细砂	17	黏土	0.001
细砂	6～8		

导水系数，描述整个含水层的导水性能，是渗透系数和含水层厚度的乘积。压力传导系数，是导水系数和给水度的比值，又称水力扩散系数。导水系数只适用于二维平面地下水运动[4]。

4.2　地下水运动方程

4.2.1　承压水运动方程

承压水运动方程推导过程类似于土壤水运动基本微分方程的推导过程，同样基于质量守恒和达西定律。假定在承压含水层某一点（x，y，z）处取一微小六面体，其长宽高分别为 Δx，Δy，Δz，见图 4.3。六面体的 x，y，z 三个方向的流入通量分别为 J_x，J_y，J_z，利用泰勒展开，并忽略高阶无穷小后，流出通量分别为 $J_x+\frac{\partial J_x}{\partial x}\Delta x$，$J_y+\frac{\partial J_y}{\partial y}\Delta y$，$J_z+\frac{\partial J_z}{\partial z}\Delta z$。

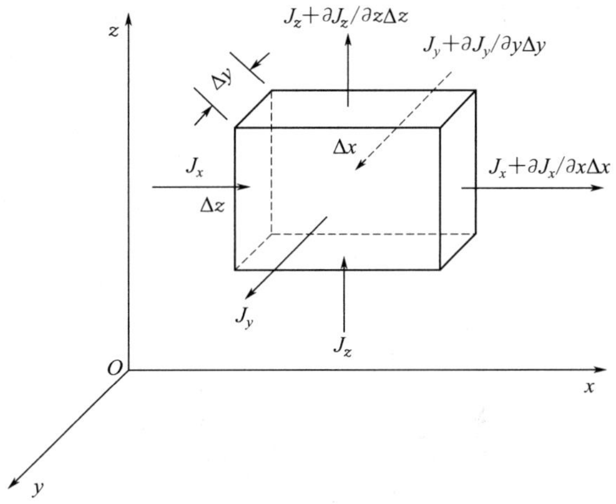

图 4.3　微小单元体通量示意图

在一个微小的 Δt 时段内，假定各方向上的通量并不改变，则在该时段内流入六面体的水量为

$$V_{\text{in}}=J_x\Delta y\Delta z\Delta t+J_y\Delta x\Delta z\Delta t+J_z\Delta x\Delta y\Delta t \tag{4.3}$$

而同一时段内流出六面体的水量为

$$V_{\text{out}}=\left(J_x+\frac{\partial J_x}{\partial x}\Delta x\right)\Delta y\Delta z\Delta t+\left(J_y+\frac{\partial J_y}{\partial y}\Delta y\right)\Delta x\Delta z\Delta t+\left(J_z+\frac{\partial J_z}{\partial z}\Delta z\right)\Delta x\Delta y\Delta t \tag{4.4}$$

该时段内由于承压水位变化导致的弹性释水量为

$$V_\sigma=\mu_{e_1}\frac{\partial h}{\partial t}\Delta x\Delta y\Delta z\Delta t \tag{4.5}$$

式中：μ_{e_1} 为比弹性释水系数，量纲为 L^{-1}；h 为地下水位，量纲为 L。

根据质量守恒，可以有：

$$V_{\text{in}}=V_{\text{out}}+V_\sigma \tag{4.6}$$

将式（4.3）～式（4.5）代入式（4.6），同时等式两边除以 $\Delta x\Delta y\Delta z\Delta t$，则式（4.6）可得

$$-\frac{\partial J_x}{\partial x}-\frac{\partial J_y}{\partial y}-\frac{\partial J_z}{\partial z}=\mu_{e_1}\frac{\partial h}{\partial t} \tag{4.7}$$

用散度形式可以表示为

$$-\mathrm{div}J=\mu_{e_1}\frac{\partial h}{\partial t} \tag{4.8}$$

根据达西定律，在各向异性岩土介质中，地下水通量可表示为

$$\nabla J=K\nabla h \tag{4.9}$$

式（4.9）展开后为

$$\left.\begin{aligned}J_x&=-K_{xx}\frac{\partial h}{\partial x}-K_{xy}\frac{\partial h}{\partial y}-K_{xz}\frac{\partial h}{\partial z}\\J_y&=-K_{yx}\frac{\partial h}{\partial x}-K_{yy}\frac{\partial h}{\partial y}-K_{yz}\frac{\partial h}{\partial z}\\J_z&=-K_{zx}\frac{\partial h}{\partial x}-K_{zy}\frac{\partial h}{\partial y}-K_{zz}\frac{\partial h}{\partial z}\end{aligned}\right\}\tag{4.10}$$

如果地下水渗透系数主轴方向与坐标轴方向一致[1]，如图4.4所示，则式（4.10）可以简化为

$$\left.\begin{aligned}J_x&=-K_x\frac{\partial h}{\partial x}\\J_y&=-K_y\frac{\partial h}{\partial y}\\J_z&=-K_z\frac{\partial h}{\partial z}\end{aligned}\right\}\tag{4.11}$$

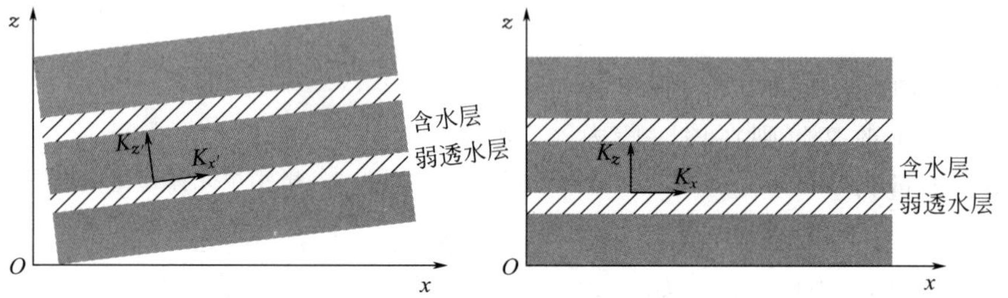

图4.4 含水层渗透系数主轴与坐标轴关系示意图[5]

将式（4.11）代入式（4.7），可得

$$\frac{\partial}{\partial x}\left(K_x\frac{\partial h}{\partial x}\right)+\frac{\partial}{\partial y}\left(K_y\frac{\partial h}{\partial y}\right)+\frac{\partial}{\partial z}\left(K_z\frac{\partial h}{\partial z}\right)=\mu_{e_1}\frac{\partial h}{\partial t}\tag{4.12}$$

如果含水层各向同性，则 $K_x=K_y=K_z=K$，式（4.12）可以写为

$$a\left(\frac{\partial^2 h}{\partial x^2}+\frac{\partial^2 h}{\partial y^2}+\frac{\partial^2 h}{\partial z^2}\right)=\frac{\partial h}{\partial t}\tag{4.13}$$

上式中，$a=K/\mu_{e_1}$，表示压力传导系数，量纲为 L^2T^{-1}。式（4.13）即为各向同性承压水运动基本微分方程。用拉普拉斯算子形式表示即为

$$a\Delta h=\frac{\partial h}{\partial t}\tag{4.14}$$

各向同性承压水运动基本微分方程的柱坐标形式[3]为

$$a\left(\frac{\partial h^2}{\partial r^2}+\frac{1}{r}\frac{\partial h}{\partial r}+\frac{1}{r^2}\frac{\partial^2 h}{\partial\theta^2}+\frac{\partial^2 h}{\partial z^2}\right)=\frac{\partial h}{\partial t}\tag{4.15}$$

如果承压含水层有垂向补给或消耗，则式（4.12）和式（4.14）分别可以写为

$$a\left(\frac{\partial^2 h}{\partial x^2}+\frac{\partial^2 h}{\partial y^2}+\frac{\partial^2 h}{\partial z^2}\right)+\frac{\varepsilon}{\mu_e}=\frac{\partial h}{\partial t}\tag{4.16}$$

$$a\left(\frac{\partial^2 h}{\partial r^2}+\frac{1}{r}\frac{\partial h}{\partial r}+\frac{1}{r^2}\frac{\partial^2 h}{\partial\theta^2}+\frac{\partial^2 h}{\partial z^2}\right)+\frac{\varepsilon}{\mu_e}=\frac{\partial h}{\partial t}\tag{4.17}$$

式中：ε 为垂向补给或消耗速率，量纲为 $\mathrm{L\ T^{-1}}$；μ_e 为弹性释水系数，量纲为 $\mathrm{L^3\ L^{-3}}$。

4.2.2 潜水运动方程

与承压含水层不同，潜水含水层有自由水面，因此水体不可压缩，其释水来自重力排水。而且，潜水的运动驱动力来自地下水位梯度，因此潜水面会有一定的坡度。在推导潜水运动方程前，先假定几个条件：①潜水含水层无垂向补给或排泄；②忽略垂向水力梯度和流速；③假设只有水平流；④潜水自由水面坡降很小。这些条件构成了裘布依（Depuit）假设。裘布依假设如图 4.5 所示。

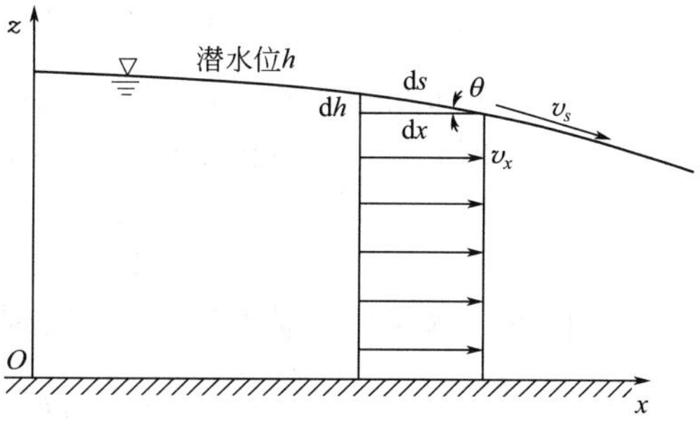

图 4.5 潜水运动裘布依假设

在潜水面上任意一点的流速为

$$v_s = -K\frac{\mathrm{d}h}{\mathrm{d}s} = -K\sin\theta \tag{4.18}$$

由于 θ 很小，因此 $\sin\theta \approx \tan\theta$，代入式（4.18），又根据忽略垂向流速的假设，则可以得到

$$v_x \approx v_s \approx -K\tan\theta = -K\frac{\mathrm{d}h}{\mathrm{d}x} \tag{4.19}$$

所以，潜水含水层断面单宽通量为

$$q_x = -Kh\frac{\mathrm{d}h}{\mathrm{d}x} \tag{4.20}$$

式（4.20）称为裘布依微分公式。

取一微小柱体，其高度为潜水含水层厚度 h，其长宽分别为 Δx 和 Δy。在一个微小 Δt 时段内，假定各方向上的通量并不改变，则在该时段内流入微小柱体的水量为

$$V_{\mathrm{in}} = q_x\Delta y\Delta t + q_y\Delta x\Delta t \tag{4.21}$$

流出微小柱体的水量为

$$V_{\mathrm{out}} = \left(q_x + \frac{\partial q_x}{\partial x}\Delta x\right)\Delta y\Delta t + \left(q_y + \frac{\partial q_y}{\partial y}\Delta y\right)\Delta x\Delta t \tag{4.22}$$

该时段内潜水受到垂向补给的量为

$$V_\varepsilon = \varepsilon\Delta x\Delta y\Delta t \tag{4.23}$$

式中：ε 表示潜水含水层受包气带补给速率，量纲为 $\mathrm{L\ T^{-1}}$。

假设潜水含水层水体不可压缩，含水层介质骨架不改变，则微小柱体内储水量变化为

$$V_\sigma = \mu\frac{\partial h}{\partial t}\Delta x\Delta y\Delta t \tag{4.24}$$

式中：μ 表示潜水含水层给水度。

根据质量守恒定律，有

$$V_{\mathrm{in}} + V_\varepsilon = V_{\mathrm{out}} + V_\sigma \tag{4.25}$$

代入各式，同时两边除以 $\Delta x\Delta y\Delta t$ 后可得

$$-\frac{\partial q_x}{\partial x}-\frac{\partial q_y}{\partial y}+\varepsilon=\mu\frac{\partial h}{\partial t} \tag{4.26}$$

然后代入裘布依微分公式，即可得到

$$\frac{\partial}{\partial x}\left(K_x h\frac{\mathrm{d}h}{\mathrm{d}x}\right)+\frac{\partial}{\partial y}\left(K_y h\frac{\mathrm{d}h}{\mathrm{d}y}\right)+\varepsilon=\mu\frac{\partial h}{\partial t} \tag{4.27}$$

式（4.27）称为布西涅斯克（Boussinesq）方程。如果潜水含水层各向均质同性，即饱和水力传导度在各个位置和方向上保持不变，$K_x=K_y=K$，那么式（4.27）可变化为

$$\frac{\partial}{\partial x}\left(h\frac{\mathrm{d}h}{\mathrm{d}x}\right)+\frac{\partial}{\partial y}\left(h\frac{\mathrm{d}h}{\mathrm{d}y}\right)+\frac{\varepsilon}{K}=\frac{\mu}{K}\frac{\partial h}{\partial t} \tag{4.28}$$

均质各向同性含水层中的轴对称径向流的微分方程为

$$\frac{1}{r}\frac{\partial}{\partial r}\left(rh\frac{\mathrm{d}h}{\mathrm{d}r}\right)+\frac{\varepsilon}{K}=\frac{\mu}{K}\frac{\partial h}{\partial t} \tag{4.29}$$

式中：r 表示径向距离。

4.2.3 地下水流定解条件

对承压水和潜水运动微分方程求解时，需要定解条件。当地下水流为稳定流时，地下水位不随时间变化，即$\frac{\partial h}{\partial t}=0$，此时不需要初始条件。当地下水流为非稳定流时，则需要初始条件。初始条件一般表达式为

$$h(x,y,z,t=0)=h_0(x,y,z)\quad (x,y,z)\in D \tag{4.30}$$

或

$$h(x,y,t=0)=h_0(x,y)\quad (x,y)\in D \tag{4.31}$$

式中：D 表示地下水渗流区域；h_0 为已知水头值。

除了初始条件，还需要边界条件才能求解地下水运动方程。边界条件分三类，依次介绍如下[1]。

第一类边界条件，即狄义克利（Dirichlet）边界条件。表达式为

$$h(x,y,z,t)=h_1(x,y,z)\quad (x,y,z)\in S_1 \tag{4.32}$$

或

$$h(x,y,t)=h_2(x,y)\quad (x,y)\in \Gamma_1 \tag{4.33}$$

式中：$h_1(x,\ y,\ z)$ 和 $h_2(x,\ y)$ 均为已知水头值；S_1 表示曲面边界；Γ_1 表示曲线边界。

第二类边界条件，即纽曼（Neumann）边界条件。表达式为

$$K\cdot\nabla h=J_1(x,y,z,t)\quad (x,y,z)\in S_2 \tag{4.34}$$

或

$$K\cdot\nabla h=J_2(x,y,t)\quad (x,y)\in \Gamma_2 \tag{4.35}$$

式中：$J_1(x,\ y,\ z,\ t)$ 和 $J_2(x,\ y,\ t)$ 均为已知通量值；S_2 表示曲面边界；Γ_2 表示曲线边界。

第三类边界条件，即柯西（Cauchy）边界条件。表达式为

$$\nabla h+\alpha h=\beta\quad (x,y,z)\in S_3 \text{ 或 } (x,y)\in \Gamma_3 \tag{4.36}$$

式中：α 和 β 均为已知函数值；S_3 表示曲面边界；Γ_3 表示曲线边界。

具备了描述地下水运动基本微分方程和定解条件后，就可以利用数学软件进行计算。一般情况下，需要先将实验观测数据与模拟结果进行对比，以此确定含水层水动力学参数，然后利用模型进行地下水运动的预测。

4.2.4 地下水单井抽水稳定流计算

如果地下水的运动要素如流量、渗透速率、压强、水头等不随时间变化，则称此地下水为稳定流；反之，则称为非稳定流。从大范围、长时间尺度来看，地下水都是非稳定流，只有在局部范围内短时间的地下水流可达到稳定状态。地下水主要通过水井开采。如果水井贯穿整个含水层，而且井壁全部进水，则称为完整井。如果水井没有贯穿整个含水层，则称为非完整井[1]。

以水井抽水前地下水位为基准面，该基准面也称为静水位。水井抽水后，地下水位称为动水位。静水位和动水位之差为水位降深。一般水井中水位降深最大，而周围区域距离水井越远，降深越小，形成以水井为中心的漏斗状水头下降区，称为降落漏斗。由于漏斗的水力坡度，地下水不断地向水井中流动，当流向水井的地下水和井中被抽出的水量相等时，地下水流达到稳定状态。要达到这种稳定状态，需要对地下水含水层进行补给，使其补给量等于抽水量。补给可能包括侧向补给、垂直入渗补给和地下水越层补给等。下面介绍稳定流条件下承压完整井水流运动方程，即裘布依公式和蒂姆公式[1]。

各向同性承压水基本微分方程的柱坐标形式为

$$a\left(\frac{\partial^2 h}{\partial r^2}+\frac{1}{r}\frac{\partial h}{\partial r}+\frac{1}{r^2}\frac{\partial^2 h}{\partial \theta^2}+\frac{\partial^2 h}{\partial z^2}\right)=\frac{\partial h}{\partial t} \tag{4.37}$$

假设垂向水力梯度为 0，即承压水只有水平流动；又由于是稳定流，则式（4.37）变化为

$$\frac{\partial^2 h}{\partial r^2}+\frac{1}{r}\frac{\partial h}{\partial r}+\frac{1}{r^2}\frac{\partial^2 h}{\partial \theta^2}=0 \tag{4.38}$$

如果承压含水层水头以抽水井为中心轴呈轴对称分布，即水头与 θ 无关（图 4.6），则式（4.38）可进一步简化为

$$\frac{1}{r}\frac{\partial}{\partial r}\left(r\frac{\partial h}{\partial r}\right)=0 \tag{4.39}$$

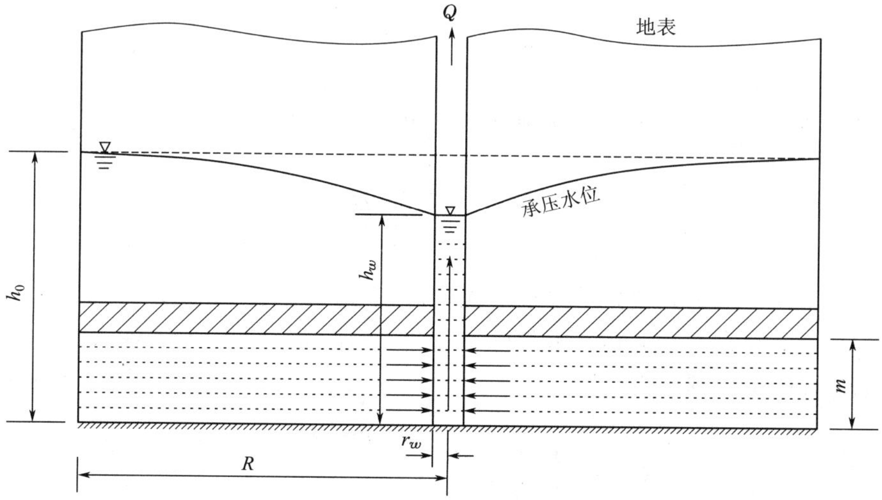

图 4.6 承压完整井单井抽水

上述方程的定解条件为

$$\begin{cases} h=h_0 & r=R \\ h=h_w & r=r_w \end{cases} \tag{4.40}$$

式中：h_0 为抽水影响边界处的水头，也是抽水前水头，m；h_w 为抽水井中地下水位，m；R 为抽水影响半径，m；r_w 为抽水井半径，m。

对式（4.39）两边积分，可得

$$r\frac{\partial h}{\partial r}=C \tag{4.41}$$

式中：C 为常数。由于是稳定流，则抽水井抽水流量等于任意断面流量

$$Q=2\pi rmK\frac{\partial h}{\partial r} \tag{4.42}$$

式中：m 为承压含水层厚度，m；K 为水力传导度，m/d。因为 m 和 K 之积为导水系数 T，则上式可以为

$$Q=2\pi rT\frac{\partial h}{\partial r} \tag{4.43}$$

将式（4.41）代入上式，则可得到

$$Q=2\pi TC \tag{4.44}$$

因此有

$$C=\frac{Q}{2\pi T} \tag{4.45}$$

将式（4.45）代入式（4.41），分离变量后按边界条件进行定积分，可得

$$\int_{h_w}^{h_0}\mathrm{d}h=\frac{Q}{2\pi t}\int_{r_w}^{R}\frac{1}{r}\mathrm{d}r \tag{4.46}$$

$$h_0-h_w=s_w=\frac{Q}{2\pi T}\ln\frac{R}{r_w} \tag{4.47}$$

式中：s_w 为抽水井中水位降深。则抽水井流量可以表示为

$$Q=2.729\frac{s_wT}{\lg\dfrac{R}{r_w}} \tag{4.48}$$

式（4.48）即为计算承压完整井单井抽水流量的裘布依公式。如果在距抽水井 r_1 和 r_2 处有观测井，水头分别为 h_1 和 h_2，水位降深分别为 s_1 和 s_2，按此条件对式（4.67）两边积分，其他过程同上，则可得到

$$Q=2.729\frac{(h_2-h_1)T}{\lg\dfrac{r_2}{r_1}} \tag{4.49}$$

或
$$Q=2.729\frac{(s_1-s_2)T}{\lg\frac{r_2}{r_1}} \tag{4.50}$$

上式称为承压完整井单井抽水流量的蒂姆公式。

潜水完整井单井抽水计算介绍如下[1]。假设潜水隔水底板水平，含水层等厚度。抽水时近似认为水流是水平的，过水断面为同心圆柱面，通过各同心圆柱面的流量等于抽水井抽水流量。如图 4.7 所示。

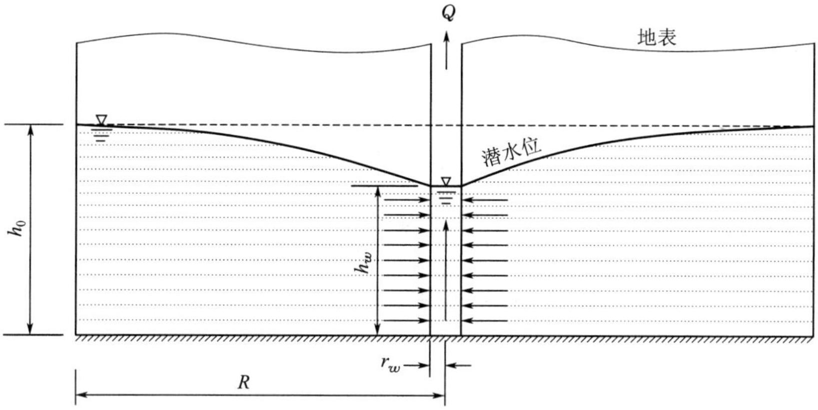

图 4.7 潜水完整井单井抽水

不考虑垂向补给情况下，均质各向同性潜水含水层中的轴对称径向流的微分方程为：

$$\frac{1}{r}\frac{\partial}{\partial r}\left(rh\frac{\mathrm{d}h}{\mathrm{d}r}\right)=\frac{\mu}{K}\frac{\partial h}{\partial t} \tag{4.51}$$

由于是稳定流，则式（4.51）可得到

$$\frac{\partial}{\partial r}\left(rh\frac{\mathrm{d}h}{\mathrm{d}r}\right)=0 \tag{4.52}$$

上述方程的定解条件为

$$\begin{cases}h=h_0 & r=R\\ h=h_w & r=r_w\end{cases} \tag{4.53}$$

对式（4.52）积分后得到

$$rh\frac{\mathrm{d}h}{\mathrm{d}r}=C \tag{4.54}$$

又因为各同心圆柱面流量为

$$Q=2\pi rhK\frac{\partial h}{\partial r} \tag{4.55}$$

将式（4.54）代入式（4.55），可得

$$Q=2\pi KC \tag{4.56}$$

则

$$C=\frac{Q}{2\pi K} \tag{4.57}$$

代入（4.54）后可得

$$rh\frac{\mathrm{d}h}{\mathrm{d}r}=\frac{Q}{2\pi K} \tag{4.58}$$

分离变量然后定积分，可得

$$\int_{h_w}^{h_0} h\,\mathrm{d}h=\frac{Q}{2\pi K}\int_{r_w}^{R}\frac{1}{r}\mathrm{d}r \tag{4.59}$$

$$h_0^2-h_w^2=\frac{Q}{\pi K}\ln\frac{R}{r_w} \tag{4.60}$$

对式（4.60）进行整理后得到流量计算公式为

$$Q=\frac{(h_0^2-h_w^2)\pi K}{\ln\dfrac{R}{r_w}} \tag{4.61}$$

$$Q=1.364\frac{(h_0^2-h_w^2)K}{\ln\dfrac{R}{r_w}} \tag{4.62}$$

或

$$Q=1.364\frac{(2h_0-s_w)s_wK}{\ln\dfrac{R}{r_w}} \tag{4.63}$$

式（4.63）即为潜水完整井单井抽水流量计算的裘布依公式。

类似地，如果在距抽水井 r_1 和 r_2 处有观测井，水头分别为 h_1 和 h_2，按此条件对式（4.58）两边积分，其他过程同上，则可得到

$$Q=1.364\frac{(h_2^2-h_1^2)K}{\lg\dfrac{r_2}{r_1}} \tag{4.64}$$

或

$$Q=1.364\frac{(2h_0-s_1-s_2)(s_1-s_2)K}{\lg\dfrac{r_2}{r_1}} \tag{4.65}$$

式（4.65）称为潜水完整井单井抽水流量的蒂姆公式。

【例 4.1】 根据上文承压水完整井和潜水完整井稳定流裘布依公式，推导流量和水位降深间的函数关系。

【解】 承压水完整井稳定流裘布依公式为

$$Q=2.729\frac{T}{\lg\frac{R}{r_w}}s_w \tag{4.66}$$

因此，抽水井降深和抽水流量间呈线性关系。而潜水完整井稳定流裘布依公式为

$$Q=1.364\frac{(2h_0-s_w)s_wK}{\lg\frac{R}{r_w}} \tag{4.67}$$

因此，抽水井降深和抽水流量间呈抛物线关系，用曲线形式表示则见图 4.8。

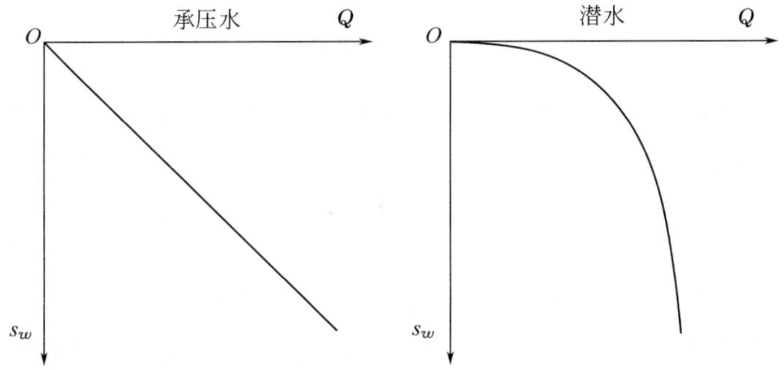

图 4.8 承压水和潜水完整井单井抽水时流量和井水位降深间关系[6]

【例 4.2】 有一潜水含水层，底部不透水层埋深为 14.2m，抽水前潜水位埋深为 4m。抽水时，进行了三次抽水实验，抽水流量和水位都达到稳定状态。当抽水流量为 206.4m³/d 时，水位降深为 2m，抽水流量为 345.6m³/d 时，水位降深为 4m，抽水流量为 446.4m³/d 时，水位降深为 6m。抽水井直径为 127mm。假设抽水影响半径为 125m，试根据潜水完整井稳定流裘布依公式计算三次抽水实验所得的水力传导度，然后利用流量和水位降深间的函数关系拟合水力传导度。

【解】 根据上述情况，抽水前潜水位为 10.2m，抽水井 r_w 半径为 0.0635m。根据潜水完整井稳定流裘布依公式可得

$$K=0.733\frac{Q}{(2h_0-s_w)s_w}\lg\frac{R}{r_w} \tag{4.68}$$

将实验数据代入式（4.68），可得三次抽水实验得到的水力传导度分别为 13.5m/d，12.7m/d，12.5m/d。

然后，利用式（4.67）拟合水力传导度，可得 K 为 12.668m/d，拟合情况如图 4.9 所示。

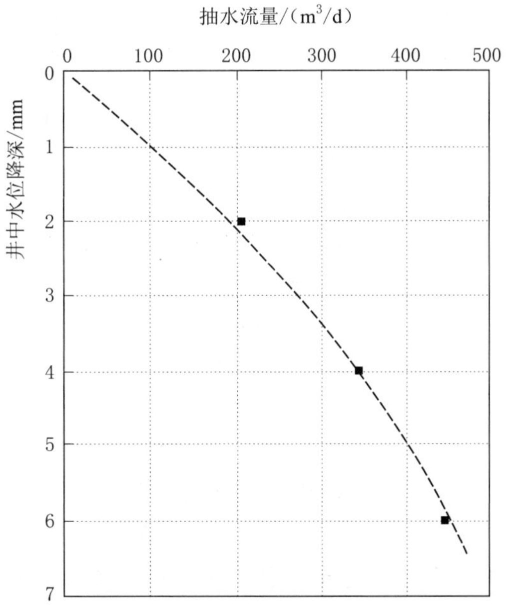

图 4.9 潜水完整井单井抽水实验拟合水力传导度（实心方块表示实验数值，虚线表示拟合得到的流量与降深关系）

4.3 地 下 水 利 用

4.3.1 地下水资源评价

1. 四大储量评价

地下水资源评价中有四大储量的概念，这四大储量分别为静储量、动储量、调节储量和开采储量[3]。静储量是指天然条件下多年最低水位以下地层中所储存的水量，计算公式如下：

$$W = A\sum_{i=1}^{n}(m_i\mu_i) \tag{4.69}$$

式中：W 为地下水静储量；A 为地下含水层面积；n 为含水层数；m_i 为第 i 层含水层的厚度；μ_i 为第 i 层含水层给水度。

地下水静储量数量一般较大，例如我国华北平原冲积层地下水静储量约为 13340 亿 m^3；但是，地下水位下降是有一定限度的，因此实际可开采量比静储量要小很多。另外，如果没有足够的补给，那么这部分地下水资源就称为一次性利用资源。

动储量是指地下水的天然径流量，是含水层在某一垂直地下水流向横断面上的地下水总径流量，计算公式如下：

$$Q = B\sum_{i=1}^{n}\left(k_i m_i \frac{\partial H}{\partial s_i}\right) \tag{4.70}$$

式中：Q 为地下水径流量；B 为横断面宽度；k_i 为第 i 层含水层渗透系数；$\frac{\partial H}{\partial s_i}$ 为第 i 层含水层水力坡度。

调节储量是指天然条件下，年内最低水位和最高水位之间的土层中所储存的水量，计算公式如下：

$$W = A\mu\Delta H \tag{4.71}$$

式中：W 为地下水一年内的调节储量；μ 为地下水位变化区域内含水层平均给水度；ΔH 为地下水位变化差。

开采储量是指一定的技术经济条件下，地区内可开发利用的水量。

2. 地下水供水评价

地下水资源还可以按照补给量、储存量、允许开采量分别进行计算[1]。补给量包括水平补给、降水补给、地表水补给、越层补给和人工补给等。水平补给计算公式如下：

$$Q = LbKI \tag{4.72}$$

式中：Q 为边界流入量；L 为边界长度；b 为含水层厚度；I 为水力坡度。

垂直方向的补给量计算公式如下：

$$W = W_P + W_I + W_R + W_L \tag{4.73}$$

式中：W 为垂向补给量；W_P 为降水入渗补给量；W_I 为灌溉回渗补给量；W_R 为地表水渗漏补给量；W_L 为越流补给量。

各分项的计算过程介绍如下。降水补给按照入渗补给系数法来估算，即

$$W_P = \alpha P \tag{4.74}$$

灌溉回渗补给量同样按照灌溉回渗系数法来计算，即

$$W_I=\beta I \tag{4.75}$$

河流渗流补给流量的计算方法为

$$Q_r=AK_z\frac{H_r-H}{B_r-H} \tag{4.76}$$

式中：A 为河水淹没面积；K_z 为河床含水层垂向渗透系数；H_r 为河水位高度；H 为地下水位；B_r 为河床底部高度。

单位面积上，河流渗流补给量则为

$$W_R=K_z\frac{H_r-H}{B_r-H} \tag{4.77}$$

越流补给量计算公式如下：

$$W_L=K_1\frac{H_1-H}{b_1}+K_2\frac{H_2-H}{b_2} \tag{4.78}$$

式中：K_1、K_2 分别为上下透水层的垂向渗透系数；H_1、H_2 分别为上下透水层的水头；b_1、b_2 分别为上下透水层的厚度。

地下水储存量分别按照容积储存量和弹性储存量来计算。容积储存量分区计算公式如下：

$$V_B=\sum_{i=1}^{n}A_i m_i \mu_i \tag{4.79}$$

式中：A_i 表示第 i 个计算区的面积。

弹性储存量则为

$$V_K=\sum_{i=1}^{n}A_i(H_i-c_i)S_i \tag{4.80}$$

式中：H_i 表示第 i 个计算区的承压水位标高；c_i 表示第 i 个计算区的承压含水层顶板标高；S_i 表示第 i 个计算区的储水系数。

允许开采量是评估一个地区可开采水资源的规模。《地下水资源分类分级标准》(GB 15218—94) 规定，根据勘查研究程度的不同，将允许开采量分为 A、B、C、D、E 五个等级，根据开采技术经济条件和现行法规规定，并考虑远景发展需要与可能，将地下水资源分为能利用（允许开采）地下水资源和尚难利用水资源（表 4.5）。

表 4.5　地下水资源分类分级表

地下水资源类别	地下水资源分级				
	探明资源量			推断资源量	预测资源量
允许开采地下水资源	A	B	C	D	E
尚难利用水资源			Cd	Dd	Ed

允许开采量评价精度随五个等级逐渐降低，并且有各自的适用范围。A 级允许开采量是指经过多年开采验证的地下水允许开采量，适用于水源地扩建勘探报告提交的允许开采量。要求水源地经过勘探和 3 年以上的连续开采及水位、开采量、水质动态的观测，并有水源地 1∶1 万或 1∶2.5 万的水文地质图。

B 级允许开采量是水源地勘探报告提交的允许开采量，是水源地及其主体工程设计的

依据。要求对通过详查或已选定的水源地，进一步布置一些勘探工程和水文地质试验，开采1年以上的地下水动态观测，制作了1∶1万或1∶2.5万的水源地水文地质图，对关键性问题开展了专题研究。

C级允许开采量是水源地详查报告或区域水文地质详查报告提交的地下水资源量，水文地质图的比例尺分别为1∶2.5万和1∶5万。要求开展水文地质测绘、物探、单孔抽水试验、多孔抽水试验、水质分析和包含枯水期的半年以上的地下水动态观测，基本查明主要含水层的空间分布、水力联系、导水性、水质特征和边界条件，基本掌握了地下水的补给、径流和排泄条件，对地下水的开发利用现状、规划及存在的问题进行了详细的调查和了解。当需水量明显小于可开采量时，C级允许开采量也可以作为水源地建设的依据。

D级允许开采量是区域水文地质普查报告或水源地普查报告提交的地下水资源量。水文地质图的比例尺分别为1∶20万和1∶5万。E级允许开采量是大面积的区域水文地质调查报告估计的地下水资源量。相应的水文地质图的比例尺为1∶50万。

允许开采量，尤其是A、B、C级的允许开采量，需要通过数值法进行计算。一般的计算步骤如下：

(1) 进行水文地质调查；需要根据级别不同，分别进行普查、详查、勘探等，取得计算所需的原始资料。

(2) 建立概念性模型和数学模型。

(3) 进行反演计算，校正模型，并确定水文地质参数。

(4) 进行正演计算，确定允许开采量，并进行地下水位预测。

我国北方地区地下水主要分布在华北平原、东北平原、西北内陆盆地及河谷、山间盆地和丘陵地区，地下水开采除城镇和农村饮水供水外，还用于灌溉和抗旱[7]。华北平原平均每年浅层地下水总开采资源量为202.94亿m^3，开采资源模数为14.58万$m^3\ a^{-1}\ km^{-2}$，浅层地下水开采潜力系数为1.15，总体上采补平衡。在河北平原，地下水年开采量约为137亿m^3，其中70%用于农业灌溉[7]。在黄河下游引黄灌区，冬小麦生长季地下水位埋深为1.5～3.0m，在冬小麦生长季一般存在地下水对作物的水分补给[8]。新疆2008年的地下水开采量为72.11亿m^3，远期随着水资源利用效率的提高和地下水转换补给量的减少，地下水可开采量控制在111亿m^3左右[9]。

4.3.2　地下水开采方式

地下水开采方式包括直引泉水、管井、大口井、辐射井、渗渠、坎儿井等[1]。直接引用泉水往往在山区有泉水出露的地方，如乌蒙山区人民直引山泉水作为生活用水[10]。管井是最常见的地下水开采方式，如山东省青州市利用管井开采第四系松散层地下水[11]。管井一般口径小，深度大。管井中可能会安装井管，尤其是含水层为沙层或沙砾层等松散沉积层，或者含水层为裂隙、溶洞且有松散填充物。

大口井适用于含水层深度不大，但渗透性较好的潜水或承压水。常见于河漫滩潜水或丘陵区的裂隙岩溶水。例如在柳林提黄灌溉工程中有大口井的应用[12]。井深一般为6～15m，井径为4～8m。

辐射井由垂直的集水井和基本水平的若干条辐射管组成，主要利用辐射管取水。辐射井适用于含水层较薄且渗透系数比较大的河床沙砾含水层，以及水平方向的渗透系数比垂直方向的渗透系数小很多的黄土含水层。辐射井相比大口井和管井，其开采地下水的效率相对较高[13]，如图4.10所示。

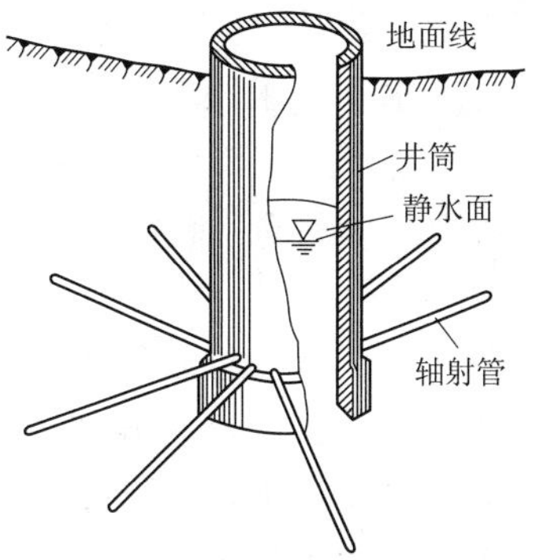

图4.10 辐射井结构图
（来源于姚安琪[14]）

渗渠也称水平集水管，是以截取河床潜流和岸边以及河漫滩潜水、增加河水对地下水的补给，将部分地表水资源转化为地下水的取水方法。这些开采方式也都适合于沿河分布的北方地区城市地下水供水。

坎儿井是干旱和半干旱区，尤其是我国新疆吐鲁番地区特有的地下水开采方式，主要是截留地下暗河水，通过人工开凿的地下渠道，输送到农田和村庄以供使用[15,16]。坎儿井由于渠道深藏地下，因此极大地减少了水分蒸发，节约水资源。另外，坎儿井暗渠往往顺山坡修建，使地下水能够自留灌溉，也节约了能源，如图4.11所示。

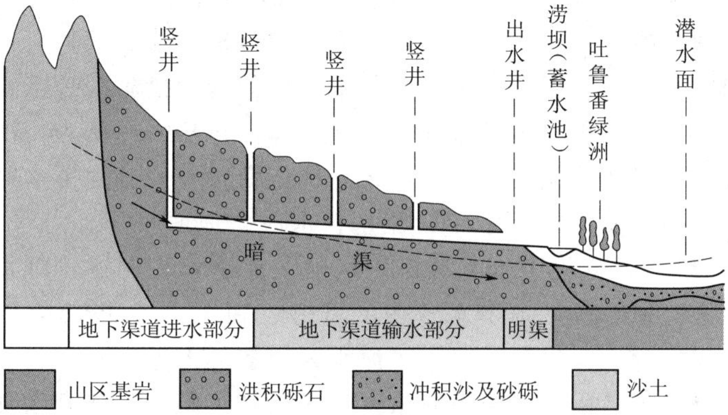

图4.11 坎儿井系统结构图（来源于杨贝贝等[17]）

4.3.3 地下水监测与管理

地下水资源虽然是可再生资源，但其总量依然有限。过量的开采必然会导致很多环境地质问题。研究发现玉泉山泉水、晋祠泉水断流都与当地过量的地下水开采有直接联系[18,19]。华北地区地下水超采在很多城市都形成了地下水漏斗[20]。地下水超采还会引起地面沉降，威胁地面和地下建筑[21]。因此对于地下水开采需要加强监测和管理。掌握地下水埋深的时空变化特征，对于合理开采地下水、地下水生态补水等都有重要意义[22,23]。

传统监测方法是设置监测井，观测地下水埋深的变化过程。为了分析地下水埋深的空间变化，则需要设置地下水监测站网。单孔双层、单孔多层监测井往往被用来对多层含水层的地下水位动态进行监测[24,25]。另外，为了及时收集地下水位变动信息，物联网技术也被用来处理和传输地下水位数据信息[26]。

针对大范围长系列的监测要求，遥感技术是比较合适的监测手段。史晓亮等应用遥感技术对新疆阿克苏河流域的绿洲—荒漠区地下水埋深的时空变化特征进行了监测分析，结果表明基于遥感技术的地下水监测模型较好地模拟了研究区2003—2015年地下水埋深及空间上的变化情况[27]。

地下水管理手段主要有以下4个方面[1]：

（1）地下水资源的法律管理。《水法》《水污染防治法》《矿产资源法》等涉及对地下水进行管理。水利部还制定了《地下水管理条例》《地源热泵系统取用地下水管理规定》《地下水超采区评价导则》等管理法规和标准。各地也都制定了地区性的地下水管理条例[28]。

（2）地下水的行政管理。国务院机构调整后，有3个部门涉及地下水方面的管理工作，即水利部、自然资源部和生态环境部。水利部侧重流域尺度的浅层地下水管理，而自然资源部侧重地下水含水系统中浅层潜水和深层承压水的管理，生态环境部主要对水源地地下水水质进行管理[29]。

（3）地下水的经济管理。地下水是宝贵的自然资源，我国北方地区主要依靠地下水进行供水。由于地下水资源的重要性和稀缺性，必然存在价值性的属性。通过对地下水开采行为征收水资源费，能够在一定程度上控制地下水开采，也能够对超采导致的环境地质问题进行修复。

（4）地下水的科学技术管理。地下水的科学技术管理的核心内容是建立地下水管理优化模型。地下水管理模型主要基于地下水运动方程和合适的边界条件，模拟各种管理措施下地下水的动态响应情况，利用最优化算法寻求合理的管理措施。地下水动态响应模拟基于前面介绍的地下水运动方程和边界条件。最优化算法包括目标函数、决策变量和约束条件等。目标函数可以是经济效益或开采量最大，决策变量一般是地下水时间和空间上的开采量分布，约束条件则主要是地下水位、流量、水质、地面沉降、海水入侵等控制条件。李迎龙等利用GMS软件建立地下水水流模型，确定地下水控制性管理水位，来控制地下水的开采量，实现沧县地区浅层地下水资源的可持续利用[30]。杨蕴等以控制海水入侵面积和降低海水入侵损失为主要目标，建立了海水入侵条件下地下水多目标模拟优化管理模型，基于管理模型提出了采用人工回灌海水入侵区的减灾策略，达到增加滨海地区的供水量，同时减少海水入侵的范围的目标[31]。

思考题

1. 岩土层孔隙度大小的影响因素有哪些？
2. 弹性释水系数和重力释水系数分别指什么？
3. 地下水单井抽水时能够达到稳定流的条件是什么？
4. 比水容重和比弹性释水系数分别指什么？
5. 如何进行地下水资源评价？
6. 地下水开采的方式主要有哪些？

参考文献

[1] 朱学恩，钱孝星．地下水水文学［M］．北京：中国环境科学出版社，2005.
[2] Pinder G F, Celia M A. Water and The Subsurface Environment [M] //Pinder G F, Celia M

A. Subsurface Hydrology. John Wiley & Sons，Inc.，2006：1-51.

[3] 张蔚榛．地下水非稳定流计算和地下水资源评价［M］．武汉：武汉大学出版社，2013.

[4] 杨金忠，朱焱，查元源，等．地下水与土壤水运动数学模型和数值方法［M］．北京：科学出版社，2016.

[5] Pinder G F，Celia M A. Fluid Flow and Mass Transport［M］//Pinder G F，Celia M A. Subsurface Hydrology. John Wiley & Sons，Inc.，2006：52-105.

[6] 薛禹群．地下水动力学原理［M］．北京：地质出版社，1986.

[7] 王贵玲，陈德华，蔺文静，等．中国北方地区地下水资源的合理开发利用与保护［J］．中国沙漠，2007（4）：684-689.

[8] 苑晶晶，袁国富，罗毅，等．利用 $\delta^{18}O$ 信息分析冬小麦对浅埋深地下水的利用［J］．自然资源学报，2009（2）：360-368.

[9] 邓铭江．新疆地下水资源开发利用现状及潜力分析［J］．干旱区地理，2009（5）：647-654.

[10] 任蕊，杨成程，匡野．乌蒙山岩溶缺水地区表层岩溶泉有效开发模式研究［J］．地下水，2018，40（2）：24-26.

[11] 王公远，王念理，冀春刚．青州市地下水类型及供水管井设计探讨［J］．山东水利，2018（12）：12-14.

[12] 杨俊斌．大口井取水在柳林提黄灌溉工程中的应用［J］．山西水利，2018，34（5）：44-46.

[13] 张志军，张伟，陈霄，等．中宁县黄河滩地傍河取水工程辐射井设计与施工［J］．探矿工程（岩土钻掘工程），2017，44（3）：69-72.

[14] 姚安琪．优化渗流和水平管流耦合的辐射井结构［J］．水利科技与经济，2018，24（7）：64-69.

[15] 刘志佳．环球分布的地下水灌溉系统：坎儿井的起源与扩散［J］．农业考古，2018（1）：205-214.

[16] 倪剑．新疆吐鲁番盆地地下水动态特征及开发利用状况评价［J］．地下水，2018，40（3）：56-57.

[17] 杨贝贝，阿不都沙拉木·加拉力丁，马桂，等．吐鲁番市坎儿井空间分布格局的影响因子探析［J］．中国农村水利水电，2017（12）：198-203.

[18] 谷健芬，杨勇，刘立才．玉泉形成与断流原因及恢复措施分析［J］．北京水务，2018（1）：27-32.

[19] 王宇．晋祠泉水断流分析和复流措施［J］．山西水利，2018（2）：15-17.

[20] 艾慧，郭得恩．地下水超采威胁华北平原［J］．生态经济，2018，34（8）：10-13.

[21] 骆祖江，宁迪，杜菁菁，等．吴江盛泽地区建筑荷载和地下水开采对地面沉降的影响［J］．吉林大学学报（地球科学版），2019，49（2）：514-525.

[22] 马建新，吾买尔江·吾布力，黄湘，等．孔雀河应急输水后的地下水响应研究［J］．新疆环境保护，2017，39（1）：13-17.

[23] 郑永山．石羊河流域地下水埋深时空变化研究［J］．地下水，2017，39（4）：60-61.

[24] 司马震．单孔多层监测井在奇台县地下水动态监测中的应用［J］．水资源开发与管理，2018（5）：78-80.

[25] 张斌，孙加山，高连东，等．双层巢式地下水监测井在场地环境调查中的应用［J］．环境与发展，2018，30（6）：134-136.

[26] 任姝娟，张磊．基于物联网的地下水环境监测系统［J］．科技创新导报，2018，15（13）：140-142.

[27] 史晓亮，周政辉，王馨爽．基于遥感技术的干旱区地下水监测研究［J］．人民黄河，2019：1-5.

[28] 陈飞，于丽丽，侯杰，等．地下水管理立法分析与制度研究［J］．人民黄河，2018，40（1）：46-49.

[29] 朱岗辉．构建地下水环境监测网［N］．中国环境报．

[30] 李迎龙，李海明，谢新民，等．基于 GMS 的沧县地区浅层地下水控制性管理水位研究［J］．南水北调与水利科技，2017，15（6）：108-114.

[31] 杨蕴，吴剑锋，林锦，等．控制海水入侵的地下水多目标模拟优化管理模型［J］．水科学进展，2015，26（4）：579-588.

第5章　地 表 水 利 用

5.1　地表水资源利用形式

地表水资源主要以河流、湖泊、水库及海洋等水体形式存在，但由于水体水量、水位、地形地质条件及用水需求等条件不同，地表水资源的开发利用形式也各不相同。从河道取水时，一般可分为有坝取水和无坝取水两类，当河道水位和流量能满足取水要求时，可以直接在岸边适宜地点设置取水建筑物，通过自流取水或提水供水的方式称为无坝取水；当流量能满足需求，但水位较低不能自流取水时，可在适宜地点设置溢流坝或拦河坝，抬高水位以满足用水需要的取水方式称为有坝取水。此外还有水库取水和泵站取水等形式。水库取水适宜于总水量满足用水需求，但径流量与用水在季节上不匹配的情况；泵站取水适宜于河道水量丰富，但水位较低，又不适宜拦河筑坝的情况。

5.1.1　无坝取水枢纽位置的选择

无坝取水由于其对天然河道影响较小，且具有工程简单、投资少、易施工和工期短等特点，因而被广泛应用于不同河道取水，特别是大江大河下游河段。无坝取水的不足之处是不能控制河道水位和流量，在枯水期用水保证率相对较低，在多沙河流取水时，容易使渠道发生淤积现象。无坝取水工程示意见图5.1。因此，无坝取水口位置的选择，对保证区域供水有着重要作用，应综合考虑地形、地质、水文泥沙特征、河床稳定性及引水量多少等因素，选择若干位置并拟定不同方案，进行经济技术比较后确定。一般应遵循以下几个原则：

图5.1　无坝取水工程示意图

(1) 根据弯道环流原理，在河岸坚固的弯道凹岸。当地形条件受限必须选在凸岸时，应设在凸岸中点偏上游环流相对较弱处，必要时也可在对岸设置丁坝，引导主流通向凸岸。

(2) 由于在直线河段取水不仅会引入大量泥沙，且只能引取岸边小流速水流，因此应尽量避免在直线河段设置取水工程。

(3) 取水口位置不宜选在游荡性河段，避免取水口被淤塞。

(4) 取水口应尽量在水位较高处，以利于自流。

5.1.2 有坝取水枢纽位置的选择

有坝取水枢纽常由壅水坝、进水闸、防排沙设施及上、下游河道整治措施等建筑物组成。其中壅水坝的作用是抬高水位，宣泄河道多余水量和汛期洪水。坝的高度较低，一般不超过 10m；进水闸位于坝端河岸上，控制引水流量；防排沙设施防止河流泥沙进入引水渠。与无坝取水枢纽类似，有坝取水枢纽应综合考虑地形、地质、水文泥沙特征、河床稳定性及引水量多少等因素，选择若干位置并拟定不同方案，进行经济技术比较后确定。一般应遵循以下几个原则：

(1) 坝址应选在地质较好的河段。一般岩石地基最好，淤泥和流沙不宜作为坝址。

(2) 在弯曲河道上取水枢纽位置应选在弯道的凹岸，在顺直河段，取水口应选在主流靠近河岸的地方，在多沙河流上，取水口应选在河床稳定的河段。

(3) 枢纽位置应尽量在水位较高处，以利于自流，必要时还应满足防洪发电等综合需求。

(4) 坝址所在河段宽度适宜。过宽的河段工程量相对较大；过窄的河段可能增加溢洪的难度。

(5) 当河流有支流汇入时，为避免泥沙影响，枢纽位置应选择支流入口处上游。

5.1.3 泵站取水枢纽位置的选择

泵站取水建筑物位置的选择直接影响取水水量、水质、供水可靠性、投资、运行管理及河流的综合利用，应根据取水河段水文、地质、地形等条件全面分析，提出多个可能方案进行经济技术比较，优选合适方案，必要时需要进行物理模型试验。其位置选择一般应考虑以下几个因素：

(1) 与无坝取水类似，取水枢纽应尽可能选在弯曲河道凹岸，以减少泥沙及漂浮物进入取水建筑物。

(2) 在顺直河段，取水位置应选择主流靠岸，河宽较窄流速大，河岸稳定的河段。

(3) 在有支流汇入的河段，为避免泥沙影响，取水口应与支流入口上下游有足够距离；在分汊河道上，应选在较稳定的汊道上。

(4) 取水口应在水质及卫生条件良好的地段，避免设在排污口、码头及垃圾场下游。若岸边水质较差时，可考虑从河道中心取水。

5.2 蓄水工程可供水量计算

蓄水工程由于具有一定调蓄能力，能够充分利用蓄水容积蓄水并在不同时段进行分配，因而不同时段供水量不同。实际供水量受需水量、来水量、时段初蓄水量及调度规则等因素限制。为反映蓄水工程可供水量大小，有条件的地区可以采用蓄水工程来水、用水资料系列及蓄水工程特性，根据水量平衡原理逐时段计算可供水量，即长系列法；也可以选择不同典型年进行可供水量分析，即代表年法；对缺乏资料的蓄水工程，还可以采用简化计算方法等。

5.2.1　大中型蓄水工程可供水量

一般大、中型水库、湖泊等蓄水工程供水量多且对区域影响较大，同时资料相对较丰富，通常需要采用长系列法计算可供水量。长系列法需具有30年以上的径流系列及综合利用各部门相应的用水资料。根据各年分时段（以月或旬划分时段）的水库来水量及同期用水量，考虑蓄水工程调节容积，按水量平衡公式顺时序进行径流调节计算。计算公式如下：

$$V_{t+1}=V_t+Q_t-W_t \tag{5.1}$$

式中：V_t、V_{t+1}分别为时段t初、末水库蓄水量；Q_t、W_t分别为时段t入库水量和供水量。

任何一个时段初如果水库蓄水量与时段来水量之和（V_t+Q_t）小于需水量，则时段供水量W_t等于水库蓄水量与时段来水量之和；若时段初水库蓄水量与时段来水量之和（V_t+Q_t）大于需水但是小于需水与兴利库容之和，则时段供水量等于需水量，多余的水蓄存在水库中；若时段初水库蓄水量与时段来水量之和（V_t+Q_t）大于需水与兴利库容之和时，除满足用水需求，蓄满水库外，多余的水将作为弃水下泄。

$$W_t=\begin{cases} V_t+Q_t & V_t+Q_t<D_t \\ D_t & D_t\leqslant V_t+Q_t<D_t+V_{\max} \\ D_t & V_t+Q_t\geqslant D_t+V_{\max} \end{cases} \tag{5.2}$$

式中：D_t为时段t的需水量；$V_{\max}$为水库的最大蓄水容积。

根据上式计算的水库时段供水量，结合水库时段初库容及来水量，由水量平衡原理［式（5.1）］可得到对应时段末的水库蓄水容积：

$$V_{t+1}=\begin{cases} V_{\min} & V_t+Q_t<D_t \\ V_t+Q_t-W_t & D_t\leqslant V_t+Q_t<D_t+V_{\max} \\ V_{\max} & V_t+Q_t\geqslant D_t+V_{\max} \end{cases} \tag{5.3}$$

式中：$V_{\min}$为水库最小蓄水容积；其他符号意义同前。

根据式（5.1）～式（5.3）逐时段计算需水工程时段供水量，蓄水工程的年可供水量为年内各时段供水量之和。通过长系列计算可以得到各年可供水量序列，将该序列按由大到小的顺序排列，可以进一步分析不同频率可供水量。

为了简化计算或由于资料条件限制等原因，可以选择不同典型年来计算水库、湖泊等蓄水工程可供水量。其计算原理同样为式（5.1）所示的水量平衡公式。一般应根据区域来水和用水选择有代表性的枯水年或特枯水年、中水年（也称平水年）和丰水年作为设计典型年，通过调节计算分析不同典型年的可供水量，不同典型年的可供水量可在一定程度上反映蓄水工程可供水量分布情况。一般平水年保证率$P=50\%$，枯水年保证率$P=75\%$，特枯水年保证率$P=90\%$（或95%）。下面结合例子进一步介绍大型水库可供水量

计算过程

【例 5.1】 假设某大型水库调节库容为 1.27 亿 m^3，$P=75\%$设计保证率条件下典型年（1957 年 4 月—1958 年 3 月）的来水过程和用水过程分别见表 5.1 中（2）、（3）列，其中用水包括生活、生产及下游生态用水量。试计算该典型年的可供水量。

表 5.1　某大型水库典型设计枯水年份可供水量计算表（$P=75\%$）　单位：万 m^3

年·月	净入库水量	需水过程	时段初库容	时段可用水量	时段供水量	时段末库容	缺水量	弃水量
(1)	(2)	(3)	(4)	(5)	(6)	(7)	(8)	(9)
1957.4	1937.63	391.00	1600.00	3537.63	391.00	3146.63	0.00	0.00
1957.5	1088.18	238.46	3146.63	4234.81	238.46	3996.35	0.00	0.00
1957.6	3734.33	230.77	3996.35	7730.68	230.77	7499.91	0.00	0.00
1957.7	6227.16	238.46	7499.91	13727.07	238.46	12700.00	0.00	788.60
1957.8	1547.23	4929.11	12700.00	14247.23	4929.11	9318.12	0.00	0.00
1957.9	124.93	7812.15	9318.12	9443.05	7812.15	1630.91	0.00	0.00
1957.10	297.40	2509.51	1630.91	1928.31	1928.31	0.00	581.20	0.00
1957.11	1592.89	230.77	0.00	1592.89	230.77	1362.12	0.00	0.00
1957.12	260.10	238.46	1362.12	1622.22	238.46	1383.76	0.00	0.00
1958.1	621.98	309.74	1383.76	2005.74	309.74	1696.00	0.00	0.00
1958.2	494.00	215.38	1696.00	2190.00	215.38	1974.62	0.00	0.00
1958.3	1696.95	238.46	1974.62	3671.57	238.46	3433.11	0.00	0.00

求解过程如下：首先根据计算期初水库库容与第 1 时段（1957.4）入库水量，计算第 1 时段可用水量，并将结果放在第（5）列。其次比较时段需水与可用水量，并按式（5.2）计算时段供水量，由于第 1 时段需水量（391.00 万 m^3）小于可用水量（3537.63 万 m^3），则供水量为 391.00 万 m^3，说明本时段需水得到满足，供水量结果放置在第（6）列。然后根据时段供水量按照式（5.3）计算时段末水库库容，并将结果放置于第（7）列。若计算时段末库容不小于调节库容，则说明时段来水量较大，水库可能存在弃水；若时段末库容不大于死库容（本例中以死库容为库容起点），说明时段可能存在供水不足现象，应进一步分析时段缺水量大小，缺水量和弃水量结果分别放在第（8）列和第（9）列。第 1 时段末水库库容同时也是第 2 时段初水库库容，利用同样的方法分析典型年其他计算时段的供水量、库容、缺水量和弃水量。

计算期内各时段的供水量之和即为水库在该水平年的可供水量，本例中水库可供水量为第（6）列之和，共计 1.70 亿 m^3。同理可以计算出丰水年、平水年和其他典型年份的可供水量。

如水库具有坝下实测供水量记录，还可将逐年的供水量由大到小依次排列，经频率计算后推求不同频率的水库可供水量。也可先按下列公式计算水库供水利用系数：

$$\eta=\frac{W_{供}}{W_{总}}=\frac{W_{总}-W_{泄}}{W_{总}} \tag{5.4}$$

式中：η 为水库供水利用系数；$W_{供}$ 为年可供水量，万 m^3；$W_{总}$ 为年入库总水量，万 m^3；

$W_{泄}$为年弃泄水量，万 m^3。

然后将 η 值由大到小依次排列起来，经频率计算后推求不同频率的水库可供水利用系数。在一定区域内，根据多座大型水库实际供水系数的分析，还可以制定供水利用系数的经验公式，以便推估该区域内其他缺乏实测资料的大型水库的可供水量。

如果水库并无坝下测流记录，其来水量则可通过参证站或等值线图方法来推估，进行库调节计算后，即可求得水库的可供水量、供水过程和可能弃水量。

在一般情况下，要首先复核既定来水条件下现有用水要求能否得到满足，若能满足且尚有余力，则需调整灌溉面积和用水量，按照水库兴利库容得到充分利用、不致弃水或弃水甚少的原则，确定水库可供水的潜力。以灌溉为主的年调节水库，其可供水量相当于水库完全年调节情况下可能提供的灌溉用水量，它可根据设计频率的大小，选择设计代表年，通过时历列表法逐时段进行调节计算来确定。

5.2.2 小型蓄水工程可供水量

区域内除了骨干供水的大中型水库外，通常存在分散在区域内的小型水库及塘堰。小型水库为数众多，一般缺乏实测资料及设计数据，其可供水量占水库总供水量的比重又相对较小，故可根据部分典型小型水库长系列调节演算的成果，建立各种地区性的简化经验公式或供水量线解图近似估算。在大多数情况下，可以寻求水库可供水量与年径流量、兴利库容、总库容等因素之间的关系。

对资料丰富的地区，可以将计算区域内的小型水库总量视为一个“大水库”，按小型水库的特征值和降雨径流关系计算“大水库”的总径流量，并根据小型水库的控灌面积和灌溉供水要求，进行水量平衡调蓄演算，求得不同水平年小型的时段有效供水量及供水过程，进而分析区域内小型水库供水量。

塘坝是南方浅山丘陵区历史悠久的小型蓄水工程，星罗棋布地分布在灌区中，对于拦蓄当地径流、灌溉供水的作用十分明显。塘坝可供水量不仅取决于有效容积的大小，而且与复蓄次数密切相关。塘堰可供水量计算可以采用调蓄演算、复蓄系数和抗旱天数法。其中调蓄演算与小水库计算方法类似，也是将区域内的塘堰总量视为一个“大水库”，然后根据水量平衡原理进行调蓄演算得到塘堰总的可供水量；抗旱天数法就是通过实地调查，根据群众经验，分析塘堰在灌区中的某一水文年度里所能抵御干旱的天数，然后与灌溉面积、田间日耗水量相乘得到该年塘堰的供水量。该方法计算简单，但经验性、主观性较强，因而仅在做初步估算或计算精度要求不高时使用。复蓄次数法通过调查研究区域内塘堰总容积及在某一水文年度里，经验性地估计塘堰蓄满的次数，即塘堰的有效利用水量，是以塘堰容积的倍比表示的：

$$W_p = Vn \tag{5.5}$$

其中

$$n = W_p / V \tag{5.6}$$

式中：W_p 表示塘堰在扣除蒸发、渗漏损失和废泄水量后的有效供水量；V 表示塘堰总容积；n 通常称复蓄次（系）数。

由于复蓄次数是从调查研究的途径推求塘堰的实际净供水量，概念明确且计算简便，是目前常用的经验估算方法之一。但复蓄次数的大小涉及众多因素，如何合理确定这一数值对塘堰供水量大小具有重要影响。一般塘堰复蓄次数的确定需要综合考虑塘堰管理水平，运行方式及降雨量大小及分布等因素。不同管理水平及运行方式直接影响塘堰的径流利用程度和蒸发渗漏损失的大小。此外已有研究表明在相同管理水平和运行方式条件下，塘堰复蓄次数与降雨量大小成正相关关系。

5.3 引水工程可供水量计算

引水工程如同塘堰一样，为数众多。尤其是南方丘陵灌区，不少小河流上层层引水，在中、低水期可以将河流中天然径流的大部分引入灌区。引水工程的重要特征是水源完全受天然来水过程制约。引水工程供水量除受水源制约外，还受工程取水能力，需水量大小约束。

天然河道流量、水位均为随时间变化的随机变量，同一引水工程，在丰水期可引水量大，枯水期可引水量小。工程取水能力是影响可供水量的另一个因素，特别是无坝引水枢纽，其引水能力不仅受到天然河道流量大小制约，还与水位密切相关，此外引水能力还与闸门设计形式、尺寸及闸前、闸后水位等因素存在较大关系。引水工程供水能力还受区域需水量限制，因为为了避免浪费节省供水成本，供水量不大于需水量。

对于单个引水工程的可供水量，通常取河道径流量，需水量和引水工程引水能力的最小值，可由下式进行计算：

$$W_d = \min\{R_t, D_t, C_t\} \tag{5.7}$$

式中：R_t，D_t，C_t 分别表示 t 时段河道径流量、需水量和引水工程引水能力。

一般而言，引水工程在设计时充分考虑了用水需求的变化，因此引水能力通常大于区域的最大需水要求，因此上式可以简化为

$$W_d = \min\{R_t, D_t\} \tag{5.8}$$

大型引水工程，通常有比较好的径流及需水资料条件，可以考虑根据历年的引水工程处河流可引流量资料和供水区的用水资料序列逐年逐时段计算可供水量，对可供水量进一步开展频率分析，计算不同保证率条件下的可供水量。为简化计算也可根据河道径流量资料序列或需水量大小进行排频，选择不同保证率对应的典型年进行可供水量计算。

对小型引水工程，由于流量资料等的缺乏，不能按上述方法来计算可供水量。此时，可估计需水量 D 满足的程度来粗略地确定供水量，即需水量 D 乘以供水系数 ε，用公式表示如下：

$$W_d = D_t \varepsilon \tag{5.9}$$

对于河道上的多个引水工程，则需要根据式（5.7）～式(5.9）所示计算步骤，自上而下逐个推求。需要说明的是，对最上游一个引水工程可供水量计算公式与式（5.7）～式（5.9)完全一致，对第二个引水工程，上述公式中的径流量 R_t 需要根据水量平衡原理进行适当修正，修正公式如下：

$$R_{t2} = (R_{t1} - W_{d1}) + R_{12} + W_{d1}\omega \tag{5.10}$$

式中：R_{t2} 为第二个引水工程对应的河道径流量；R_{t1}、W_{d1} 分别为第一个引水工程对应径流量和供水量；R_{12} 为第一个和第二个引水工程之间的区间径流量；ω 为回归系数，反映

第一个引水工程用水后回归水的程度。

该式表明第二个引水工程径流量由上游引水后剩余径流量，区间径流量及第一个引水工程回归水量组成。根据该原理可以计算其他各引水工程的径流量并进一步计算对应可供水量。

但是上述方法需要大量资料，对于一个大型灌区或区域来说，取水工程数量众多，按上述步骤计算尽管理论上比较严谨，但是计算工作量太大，因此常常按若干引水工程概化为一个理想的大引水工程，再按上述方法和步骤计算。对计算精度要求不高的中小型引水工程，可以直接按照区域引水工程的保证灌溉面积计算可供水量。

5.4　提水工程可供水量计算

提水工程即泵站工程，是利用机电提水设备增加水流能量，通过配套建筑物将水由低处提升至高处，以满足兴利除害要求的综合性系统工程。与引水工程类似，提水工程可供水量需要由水源、用水和提水设备能力三方面考虑。当自河道提水时，由于河道可供利用的水量相对有限，提水工程可供水量的分析同引水工程，其中提水设备能力为计算时段内的最大提水量表示。类似地，提水工程可供水量由下式计算：

$$W_{ps}=\min\{R_t, D_t, C_t\} \tag{5.11}$$

式中：W_{ps}为泵站可供水量；C_t此处为泵站提水能力；其他符号意义同前。

下面的例子给出了提水工程可供水量计算过程。

【例5.2】 假设某区域部分供水由泵站提供，已知泵站设计流量为$3.0m^3/s$，每天最多工作时间为10h。$P=75\%$设计保证率条件下典型年（1957年4月—1958年3月）的河道径流过程和用水过程分别见表5.2中（3），（4）列，其中河道径流过程已经扣除了下游河道生态环境需水流量。试计算该典型年的泵站可供水量。

表5.2　某提水工程典型设计枯水年份可供水量计算表（$P=75\%$）　单位：万m^3

年·月	天数/天	河道径流量	需水量	泵站提水能力	可供水量
(1)	(2)	(3)	(4)	(5)	(6)
1957.4	30	119.11	391.00	324.00	119.11
1957.5	31	245.11	238.46	334.80	238.46
1957.6	30	208.87	230.77	324.00	208.87
1957.7	31	1658.70	238.46	334.80	238.46
1957.8	31	1527.74	4929.11	334.80	334.80
1957.9	30	1986.08	7812.15	324.00	324.00
1957.10	31	208.87	2509.51	334.80	208.87
1957.11	30	357.69	230.77	324.00	230.77
1957.12	31	208.87	238.46	334.80	208.87
1958.1	31	271.20	309.74	334.80	271.20
1958.2	28	208.87	215.38	302.40	208.87
1958.3	31	176.83	238.46	334.80	176.83

本例中已知河道径流过程与需水过程，现在仅需计算各时段泵站提水能力即可。各时段泵站提水能力与设计流量，工作时间相关，可由下式计算：

$$C_t = 0.36 q_d T_t h_r \tag{5.12}$$

式中：q_d 为泵站设计流量；T_t、h_r 分别为计算时段内的工作天数和每天工作小时数；0.36 为单位换算系数。

根据式（5.12）计算各时段泵站提水能力，结果放置在表 5.2 第（5）列，比较各时段（3）、（4）、（5）列数值，取最小值作为该时段泵站可供水量，并将计算结果放在第（6）列。将各时段可供水量求和即得到提水工程在典型年的年可供水量。本例中 $P=75\%$ 典型年提水工程的年可供水量为 0.28 亿 m^3。

需要说明的是本例中计算时段是一个月，事实上一个月内的径流量和需水量也存在较大的变化，为了更精确的计算提水工程可供水量，可以进一步划分计算时段为日、5 日或旬。但是计算时段划分的越小，则对径流、需水等资料的要求越高，相应的成本也越大。因此在实际计算过程中需根据具体情况选择合适的计算时段长度。

若提水工程自湖泊、大江河等水体取水，由于水量较丰富时，可忽略水源对可供水量的约束，其可供水量由设备提水能力及需水量大小取小值估算即可。

5.5 区域可供水量计算

上述各单项工程仅从水量上考虑了其可供水量的大小，在区域尺度上往往涉及许多不同种类，不同规模的取水工程，这些工程共同为区域内不同部门供水。此时采用各分项工程供水量之和作为区域可供水量不符合实际情况。首先不同取水工程之间往往存在一定水力联系，忽略这一联系将会使计算结果产生较大偏差。例如在河流上游建有水库蓄水工程，下游设置了无坝取水工程，此时上游蓄水后将在一定程度上改变下游无坝取水工程的取水条件，影响下游的可供水量；其次区域供水涉及不同用水部门，不同部门用水产生的经济效益、社会效益和生态环境效益不同，缺水导致的损失也不同，因此不同部门用水应有优先次序和供水满足程度，例如在区域内存在生活、工业和农业用水时，生活用水是人们每日必须满足的用水，通常具有最高的优先度和保证率；工业用水由于其经济效益较高，通常也需要有较高的保证率和优先度；农业用水由于其经济效益和对缺水敏感性相对较弱，其保证率和优先度则较低，但是在关键生育期，过度缺水容易导致大面积粮食减产，对社会效益造成较大的不利影响；此外不同供水工程其日常维护和供水成本不同，从经济成本的角度也需要各类工程综合考虑。

可以看出不能简单地将单项工程单独分析的供水量相加而得出区域的供水量，应把各种水源、各种工程和各种需水综合为一个有机系统来分析。最好的办法是在一定的供需调度原则或方案下，进行地表水和地下水联合调节的供需平衡动态模拟分析。

对资料短缺地方的可供水量，可以考虑采用简化计算方法。主要方法有地区综合可供水系数法、不同发展阶段、不同节水措施估算法以及特枯水年灌溉面积反推法等，分述如下：

1. 地区综合可供水系数法

在水资源开发利用程度较高的地区，估算现有工程及拟建工程的可供水能力并与本区年径流量比较，其比值即称为可供水系数。由于可供水能力是全部蓄水、引水、提水工程所提供的水量，故分析出来的可供水系数是本区的综合可供水系数。将这种系数移用到其他条件相似的地区，与该区域年径流量的乘积，即为可供水量。

在一般情况下，需要根据现状典型资料和规划发展情况，分析出各种地貌（平坝、深丘、浅丘、山区）偏枯年的最大可供水量，作为该地区可供水量的上限；现状已开发利用的水量，作为可供水量的下限。不同发展阶段的可供水系数即可在可供水系数的上下限之间适当选用。根据云南省分析，全省全坝区水资源可供水系数为0.2～0.8，山区为0.03～0.08。

本法的优点在于分析应用均较简便，缺点是难以找到地貌、水文气象特征、地质条件、植被情况等相近，而且可控制的径流面积与总径流面积的比值也相近的相同的类型区。若同一地区不同代表年使用同一系数，估算的可供水量可能有很大差别。

2. 不同发展阶段、不同调节措施估算法

这种方法是云南省用来近似估算资料短缺、数量众多的不同工程措施可供水量的较好方法之一。它把已建、正建和拟建的灌溉工程控制利用的水资源作为估算对象，认为在同一发展阶段，不同代表年的可供水量取决于枯季来水量的多少，并受工程调节能力或引水条件的制约。因此，根据水文资料和各地蓄水、引水、提水工程已利用的水量，可以分析不同代表枯季来水量的比值及可利用系数等（表5.3），建立地区性的经验关系，进而推算可供水量。

首先需确定各水平年 $P=75\%$ 代表年的可利用水量，以此作为估算基础，其他代表年的可利用水量则由不同工程措施的可利用系数与 $P=75\%$ 的可利用水量的乘积进行估算。

现状 $P=75\%$ 代表年可利用水量由实际年灌溉用水分析确定。近期和远景 $P=75\%$ 的可利用水量等于现状可利用水量加上计划工程可以增加的利用水量，蓄水、引水、提水工程应当分别估算。不同代表年的可利用系数分析方法举例如下。

表5.3　　蓄水、引水工程可利用系数表

枯季径流量比值	可利用系数	
	蓄水工程	引水工程
0.7	0.88	0.7
0.8	0.92	0.8
0.9	0.96	0.9
1.0	1.00	1.0
1.1	1.04	1.1
1.2	1.08	1.2
1.3	1.12	1.2
1.4	1.16	1.2
1.5	1.20	1.2

续表

枯季径流量比值	可利用系数	
	蓄水工程	引水工程
1.6	1.24	1.2
1.7	1.28	1.2
1.8	1.28	1.2
2.0	1.30	1.2
2.1	1.30	1.2
2.2	1.30	1.2

注：1. 现阶段可利用水量估算表时，用实际年枯季径流量除各代表年的枯季径流量，得枯季径流量比值。

2. 近期、远景阶段可利用水量估算查表时，用 $P=75\%$时的枯季径流量除各代表年的枯季径流量，得枯季径流量比值。

3. 此处枯季指 11 月至次年 5 月。

4. 引水工程最大可利用系数采用 1.2，蓄水工程最大可利用系数采用 1.30。

（1）蓄水工程的可利用系数。已知蓄水工程 $P=75\%$的利用水量为 W_p，根据水文特性，完全年调节水库在汛期可控制 W_p 的 70%，枯季控制的 30%。假设 $P=50\%$代表年的枯季来水与 $P=75\%$代表年枯季来水量的比值为 1.1，即枯季水量增加 10%，并假定全部通过调节而利用，此时水库枯季控制水量为：$0.3W_p(1+0.1)=0.33W_p$，而水库实际增加的控制水量为 $0.33W_p-0.3W_p=0.03W_p$。枯季水量的增加，可以扩大灌溉面积，相应要求增大汛期灌溉水量为 $1/2.3\times0.03W_p=0.013W_p$（汛期灌溉用水量与枯季灌溉用水量之比约 1∶2.3），故 $P=50\%$代表年的可利用水量为 $1.1(0.7W_p+0.013W_p+0.33W_p)=1.14W_p$，即可利用系数的 1.14。

（2）引水工程的可利用系数。已知引水工程在 $P=75\%$代表年的利用水量为 W_p，设 $P=95\%$时引渠控制面积的枯季来水量与 $P=75\%$枯季来水量之比为 0.9。无调节引水工程可引水量主要取决于枯季来水过程。若枯季来水量减少 10%，其枯季引水量、灌溉面积及汛期引水量均要相应减少 10%，则总引水量为 $0.9W_p$，故可利用系数为 0.9。

通过类似分析，可以得到不同代表年蓄水、引水工程可利用系数与枯季水量比值的关系。

3. 特枯年灌溉面积反推法

某一特枯年灌溉面积乘以灌溉定额求得的已提供的水量，与工程潜力尚能提供的水量之和，即可作为现状可供水量。近期和远景不同水平的可供水量，则为现状水量与规划工程所能提供的水量之和。

应当指出，以上几种计算可供水量的方法，主要考虑到农业灌溉的要求，有的未将工业用水、城市生活用水计算在内。工业和生活用水一般均为自备供水设施。在供需平衡计算时，应当注意把自备设施供水量计入可供水量之中。

思　考　题

1. 简要介绍地表水利用的形式与适用条件。

2. 引水工程与提水工程可供水量的计算方法有什么异同？

3. 地表水可供水量与水资源量的区别是什么？

4. 影响区域可供水量的因素有哪些？

参 考 文 献

[1] 王铁生．长藤结瓜灌溉系统的水利计算．北京：水利出版社，1984.

[2] 周素真，石自堂，马有国．取水枢纽工程．武汉：武汉水利电力大学出版社，2000.

[3] 宋祖诏，张思俊，詹美礼．取水工程．北京：中国水利水电出版社，2002.

第6章 水资源供需分析

6.1 概　　述

水是生命之源、生产之要、生态之基。人类生存、经济社会持续发展与生态环境保护均需要水。不同用水部门的用水量大小、用水变化过程、对水体质量要求和需要的供水保证程度等各不相同，这些用水综合起来构成了区域用水过程。水资源供需分析就是利用供水量、需水量资料成果，对水资源供应能力与需求之间的关系所进行的分析研究，可以揭示水资源的供需矛盾，提出解决措施。

评价区域的需水通常包括生活、生产和生态环境用水。生活用水包括城镇居民生活和农村居民生活用水。生产用水包括第一产业、第二产业和第三产业用水，其中第一产业主要指种植业和林、牧和渔业用水以及农村牲畜用水；第二产业主要指工业和建筑业，第三产业包括商饮业和服务业；生态环境用水则包括河道内生态环境用水和河道外生态环境用水等。详细的用水分类及其层次结构如表6.1所列。

表6.1　　区域用水分类及其层次结构

一　级	二　级	三　级	四　级	备　注
生活	生活	城镇生活	城镇居民生活	仅为城镇居民生活用水(不包括公共用水)
		农村生活	农村居民生活	仅为农村居民生活用水(不包括牲畜用水)
生产	第一产业	种植业	水田	水稻等
			水浇地	小麦、玉米、棉花、蔬菜、油料等
		林牧渔业	灌溉林果地	果树、苗圃、经济林等
			灌溉草场	人工草场、灌溉的天然草场、饲料基地等
			牲畜	大、小牲畜
			鱼塘	鱼塘补水
	第二产业	工业	高用水工业	纺织、造纸、石化、冶金
			一般工业	采掘、食品、木材、建材、机械、电子、其他[包括电力工业中非火(核)电部分]
			火(核)电工业	循环式、直流式
		建筑业	建筑业	建筑业
	第三产业	商饮业	商饮业	商业、饮食业
		服务业	服务业	货运邮电业、其他服务业、城市消防用水、公共服务用水及城市特殊用水

续表

一　级	二　级	三　级	四　级	备　注
生态环境	河道内	生态环境功能	河道基本功能	基流、冲沙、防凌、稀释净化等
			河口生态环境	冲淤保港、防潮压碱、河口生物等
			通河湖泊与湿地	通河湖泊与湿地等
			其他河道内	根据河流具体情况设定
	河道外	生态环境功能	湖泊湿地	湖泊、沼泽、滩涂等
		其他生态建设	城镇生态环境美化	绿化用水、城镇河湖补水、环境卫生用水等
			其他生态建设	地下水回补、防沙固沙、防护林草、水土保持等

随着人口数量的变化、生活水平的提高，以及经济社会的快速发展，区域的用水量不可能维持现状水平，此外现有的工程措施是否能满足未来用水需求均需要对未来水平年用水进行预测。考虑到不同部门用水规律及预测方法不同，本章将分部门介绍需水预测方法。

6.2 生活用水预测

6.2.1 生活用水计算方法

生活用水分城镇居民和农村居民两类，可采用定额分析法、趋势分析法和分类分析权重法进行预测。但现在一般选用定额分析法。所谓的定额分析法就是根据人口的数量和人均用水量（定额或标准）来确定用水量的方法。生活用水定额通常以每人每天用水量来表示。国外大城市用水标准一般为人均日用水量 300L 以上，我国目前城市生活用水定额还不高，人均日用水量为 85L 左右。根据我国初步调查资料分析，一般大城市人均日用水量为 100～150L，最高为 200～250L，最低为 70～100L。中小城市约 50～70L，北方城市用水标准普遍偏低，最低的只有 30L。我国农村用水标准为人均日用水量 15～40L；南方农村生活用水标准相对较高，一般为 25～40L。随着城镇建设发展、人口增长和人民生活的不断改善，今后城市生活用水标准将会得到不断的提高。生活用水预测基本公式为

$$W_{Dc}=m_cN_cT \tag{6.1}$$

$$W_{Dr}=m_rN_rT \tag{6.2}$$

式中：W_{Dc}、W_{Dr}分别为城市和农村生活用水量，m^3；m_c、m_r 分别为城市和农村生活用水定额，m^3/(人/d)；N_c、N_r 分别为城镇和农村常住人口，人；T 为计算时段长，天。

需水标准可通过实际用水调查，考虑城镇发展规模和环境质量要求等因素拟定，也可参考国家和地方的相关规划，经过适当修正后确定。

6.2.2 人口预测方法

人口的发展变化，取决于生物、社会风尚、文化教育等各种因素．但最终还得通过生物因素表现出来。从整个发展过程来看，出生与死亡是决定人口数量的两个最基本的因素。居民的迁移也是影响人口变动的一个重要因素。人口预测可以按人口自然增长率进行

预测，预测公式如下：

$$N=N_0(1+r)^n\pm\Delta N \tag{6.3}$$

式中：N_0、N 分别为期初、期末人口数量；r 为人口自然增长率，人口自然增长率可以由出生率 b 和死亡率 d 表示，即 $r=b-d$；n 为预测年数；ΔN 为规划期内的迁入迁出人口数量。

可以看出上式中人口数量随着时间的增加不断增加，但是当预测期较长时，由于区域资源的有限性，人口数量不会无穷增加，而是会有一个极限，此时可以考虑采用Logisitc人口预测模型。该模型假定人口增长率与当前人口数量成正比关系，且该正比关系随人口数量的增加呈递减趋势，当人口数量达到极限时，增长率降为0。模型用式子表达如下：

$$\frac{dN}{dt}=rN(1-N/K) \tag{6.4}$$

式中：K 为参数；其他符号意义同前。

在给定初始人口条件下，求解该微分方程可以得到 Logisitc 人口预测公式：

$$N(t)=\frac{N_0K}{N_0+(K-N_0)e^{-rt}} \tag{6.5}$$

式中：$N(t)$ 表示预测得到的第 t 年人口数量；其他符号意义同前。

可以看出，若 $r<0$，随着 $t\rightarrow\infty$，则有 $N(t)\rightarrow 0$；若 $r>0$ 时，当 $t\rightarrow\infty$ 时有 $N(t)\rightarrow K$；若 $r=0$ 时 $N(t)=N_0$。

采用式（6.5）预测需要知道两个参数 r、K。这两个参数的估计可以根据历史资料采用最小二乘法进行估算。估算思路简述如下：

首先将式（6.4）变换为

$$\frac{dN}{dt}/N=r(1-N/K) \tag{6.6}$$

并令 $Y=\frac{dN}{dt}/N$，则上式变为 Y 与 N 的线性关系式：

$$Y=r(1-N/K) \tag{6.7}$$

线性关系式参数的最小二乘法在较多文献中都有详细介绍，这里不再赘述。

6.3 生产需水预测

6.3.1 第一产业需水预测

第一产业用水是我国大部分地区的主要用水之一。农业灌溉用水量占第一产业的主要部分，其用水数量大，季节性强，且受多种因素影响，通常也是区域水资源供需矛盾最突出的地方，因而是需水预测的主要内容。

6.3.1.1 农业灌溉需水量预测

农业灌溉需水量是指灌溉土地需要从水源取用的水量，它需要根据灌溉面积、作物种植结构、土壤、水文地质和气象条件等因素确定。农业灌溉用水量是为了满足作物用水需求，满足作物用水需求的渠道除灌溉用水外还有降雨和地下水补给。地下水的补给量相对比较稳定，但是降雨量在年际和年内均有较大的差异，因此农业灌溉用水量在年际年内也存在较大的变化。此外，不同作物由于其生长季节、需水规律及种植面积均不相同，因此给定区域的农业灌溉用水量需要同时考虑不同气候条件、不同作物及其种植结构情况下的综合需水过程。

农业灌溉需水量预测一般采用定额法，即将农业计划的各种作物面积乘以相应的用水定额，从而求得各水资源供需分析区的农业需水量，然后汇总得全区农业量，其预测值的模型表达为

$$W_{Ni}=\sum_{k=1}^{K}A_k m_k \tag{6.8}$$

式中：W_{Ni} 表示在时段 i 需要供到田间的灌溉水量；A_k 表示第 i 时段内第 k 种农产品种植面积；m_k 表示第 i 时段内第 k 种作物净灌溉定额，根据作物需水规律，不同年份降雨条件，地下水补给条件等计算灌溉制度后提取对应时段的灌溉定额。

式（6.8）计算得到的是作物需要补充的净灌溉水量，由于灌溉水是由水源经各级灌溉渠道输送到田间，在该过程中有部分水量通过蒸发和渗漏的形式损失掉了，因此农业灌溉需水量（称毛灌溉用水量）应包括净灌溉需水量与损失水量两部分，这样才能保证到田间的水是净灌溉需水量。通常用灌溉水利用系数描述灌溉水量损失程度，并依据该系数计算毛灌溉用水量，计算式如下：

$$W_i=W_{Ni}/\eta \tag{6.9}$$

式中：W_i 为时段 i 的农业毛灌溉需水量；η 为灌溉水利用系数；其他符号意义同前。

灌溉水利用系数取值大小与各级渠道长度、流量、沿渠土壤、水文地质条件、渠道工程状况和灌溉管理水平等有关，在管理运行过程中，可以实测决定。

6.3.1.2　林牧渔业需水量预测

林牧渔业需水量包括林果地灌溉、草场灌溉、牲畜用水和鱼塘补水等 4 类。林牧渔业需水量中的灌溉（补水）需水量部分，受降雨条件影响较大，有条件的或用水量较大的要分别提出降雨频率为 50%、75%和 95%情况下的预测成果，其总量不大或不同年份变化不大时可用平均值代替。

根据当地试验资料或现状典型调查，分别确定林果地和草场灌溉的净灌溉定额；根据灌溉水源及灌溉方式，分别确定渠系水利用系数；结合林果地与草场发展面积预测指标，进行林地和草场灌溉净需水量和毛需水量预测。鱼塘补水量为维持鱼塘一定水面面积和相应水深所需要补充的水量，采用亩均补水定额方法计算，亩均补水定额可根据鱼塘渗漏量及水面蒸发量与降水量的差值加以确定。

6.3.2　第二产业需水预测

6.3.2.1　工业需水预测

工业用水是指工、矿企业的各部门在工业生产过程（或期间）中，制造、加工、冷却、空调、净化、洗涤、锅炉等方面使用的水及厂内职工生活用水的总称，按新水取用量计，不包括企业内部的重复利用水量。工业用水是城市生活用水的重要组成部分，占的比重大，增长快，用水集中，排放的工业废水又是水体污染的主要污染源。

工业用水按不同的用途分为生产用水和生活用水两大类。按用水方式划分，工业用水量可分为总用水量、循环用水量、回用水量、重复利用水量耗水量、排水量、取水量（或

新水量)、漏失水量、补充水量等9种。各用水量的概念简述如下：

总用水量：一定期间内某用水系统所需的用水总量。

循环用水量：一定期间内某用水系统中循环用于同一用水过程的水量。

回用水量：一定期间内被用过的水经适当处理后再用于系统内部或外部其他用水过程的水量。

重复利用水量：同一用水系统中的循环水量与回用水量。

耗水量：一定期间内某工业用水系统在生产过程中，由于蒸发、吹散、直接进入产品、污泥等带走所消耗的水量。

排水量：一定期间内某用水系统排放出系统之外的水量。

取水量：一定期间内某用水系统利用的新鲜水量。

漏失水量：包括漏失在内的全部未计量水量。

补充水量：一定期间内用水系统取得的新水量与来自系统外的回用水量。

从上述各用水量的定义可见，它们之间存在着必然的联系，同一用水系统各用水量之间的关系如图6.1所示。

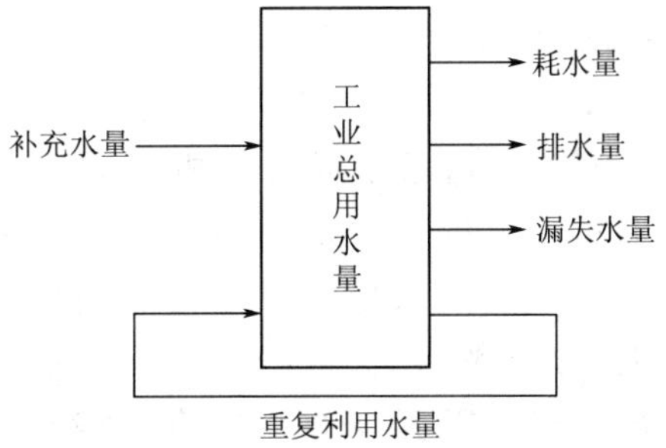

图6.1 工业用水水量关系图

在调查工业系统需水用水情况时，一般可按照电力、冶金、机械、化工、煤炭、建材、纺织、轻工、电子、林业加工等不同行业进行，在同一个行业还可以进一步细分为若干亚类。尽管工业需水在不同行业间有很大差别，在需水系统规模，用水环节数量，且对供水水压、供水质量等均有不同的需求，但都具有保证率高（一般在90%以上)、年内变化小等特点。

由于工业用水部门多，用水工艺复杂，不同水平年的工业布局与发展规模也存在许多不确定因素，预测某一水平年的需水量有一定困难。但一个城市或地区的工业用水常常与国民经济发展密切相关。通常可采用数理统计原理，根据历年工业用水量或单位产值用水量资料，按其变化趋势进行预测，或利用单位产值用水量或用水增长率等统计参数与工业产值建立相关关系加以推求。预测工业需水量要考虑节约用水，应结合可能的设备更新与工艺流程改进，力求降低单位产品用水量、单位产量用水量或单位产值用水量，并提高水的重复利用率。具体方法有以下几种。

1. 趋势法

趋势法是根据历年工业用水量资料，分析其随时间变化趋势来推算未来工业需水量的方法，其一般预测模型如下：

$$W_I(n)=W_{I0}(1+k)^n \tag{6.10}$$

式中：$W_I(n)$、W_{I0}分别为预测第n年工业用水量和起始年份工业用水量；k为工业用水年平均增长率，其值与工业结构、用水水平和水源条件等相关；n为起始年份到预测年份之间的时间间隔。

趋势法简单易行，其计算准确与否的关键是增长率的准确性，因此本方法适用于区域工业发展相对稳定阶段，且在相当长时期内有准确度较高的工业用水数值，便于分析计算增长率。

2. 相关法

工业用水量与工业产值或工业增加值有一定的相关关系，因此可考虑通过收集区域工业用水量与工业产值或增加值历史资料序列，建立两者的回归模型用于预测工业需水量。通常回归模型的形式如下：

$$\lg W = a\lg P + b \tag{6.11}$$

或

$$W = bP^a \tag{6.12}$$

式中：W 表示工业需水量或工业用水增长率；P 为工业产值；a、b 分别为回归系数。

应用相关法预测工业需水量的准确性受回归模型的相关性影响，若相关性高的地区预测精度相对较高，因此与趋势法类似，相关法适用于工业发展相对稳定的区域。

3. 定额法

定额法通常是通过分析区域工业用水特点与经济社会发展水平，确定单位产值用水定额，根据用水定额与对应产值来计算工业需水量。单位产值用水定额常常采用万元工业产值用水量、万元工业增加值用水量等概念，所谓万元工业产值用水量是指工业生产过程中，每生产一万元产值需要的取水量。类似地，万元工业增加值用水量是指每生产一万元工业增加值所需要的取水量。采用单位产值用水定额计算工业用水量的模型如下：

$$W_I = Pm \tag{6.13}$$

式中：m 为万元工业产值用水量，或为万元工业增加值用水量；P 为万元工业产值或万元工业增加值；W_I 为工业用水量。

基于单位产值定额法预测工业用水量的不足之处在于其关键参数的确定大多是参照国内或国外其他地区（区域）的单位产值用水定额，同时结合本区域实际情况经过适当修正得到，因此存在一定主观性。尽管如此，采用单位产值定额计算工业需水量概念明确，易于理解，计算简便直观，因而广泛应用于水资源规划与管理的生产实践中。

当需要预测某行业或计算区域有详细的用水资料时，可以考虑采用单位产品定额法。该方法主要根据单位产品的用水量以及该产品的总生产量计算出生产该产品的总用水量。行业中各产品的用水总量之和便是行业用水量，不同行业用水量之和则构成工业生产总用水量。计算公式如下：

$$W_I = \sum_{j=1}^{N}\sum_{i=1}^{M} Q_{ij} q_{ij} \tag{6.14}$$

式中：Q_{ij}、q_{ij} 分别为区域 j 产品 i 的数量和对应的产品用水定额；M、N 分别为区域产品总数及区域总数；其他符号意义同前。

单位产品定额法的优点是概念明确，计算结果相对较为准确，不足之处是计算需要大量详细的产品和用水量资料，而这些资料往往难以准确获得，资料收集成本较高。

4. 水量平衡法

万元工业增加值用水量和工业用水重复利用率是衡量工业用水水平的两个综合指标。一般说来，当一个地区或一个工矿企业工业结构不发生明显改变时，万元工业增加值用水量取决于重复利用率。重复利用率的不断提高将促进工业用水效率，进而降低万元工业增加值用水量。万元产值用水量与工业用水重复利用率之间的关系可以由水量平衡原理推导得到。

根据水量平衡原理，工业用水总需水量 W_T 由补充的新水量 W_C 与系统本身重复利用的水量 W_R 组成（图 6.1），即

$$W_T = W_C + W_R \tag{6.15}$$

工业用水重复利用率 η 可表示为

$$\eta = W_R / W_T \tag{6.16}$$

对应地，工业补充新水量由下式计算：

$$W_C = Pm = W_T(1-\eta) \tag{6.17}$$

对同一行业，只要设备和工艺流程不变，生产相应数量的产品其产值不会改变，所需的总用水量也不会发生改变。假定已知时段工业万元产值用水定额、用水重复利用率、工业补新水量分别为 m_1、η_1、W_{C1}，预测时段工业万元产值用水定额、用水重复利用率、工业补新水量分别为 m_2、η_2、W_{C2}，由式（6.17）有

$$W_{C1} = Pm_1 = W_T(1-\eta_1) \tag{6.18}$$

$$W_{C2} = Pm_2 = W_T(1-\eta_2) \tag{6.19}$$

比较式（6.18）及式（6.19）得到

$$\frac{W_{C1}}{W_{C2}} = \frac{Pm_1}{Pm_2} = \frac{W_T(1-\eta_1)}{W_T(1-\eta_2)} \tag{6.20}$$

通过式（6.20）可以进一步得到工业用水重复利用率变化对用水定额的影响，即

$$m_2 = m_1(1-\eta_2)/(1-\eta_1) \tag{6.21}$$

可以看出，当其他条件不变，提高工业用水重复利用率能降低万元工业产值用水定额。若能根据工业用水水平及发展趋势预测未来可能达到的工业用水重复利用率，则可结合现有用水定额与用水重复利用率利用式（6.21）预测未来万元工业产值用水定额，进而预测未来工业用水量。

6.3.2.2 建筑业需水预测

建筑业需水主要采用定额法。目前采用较多的方法是单位建筑面积用水定额法，此外还可以采用建筑业万元增加值用水定额法进行预测。

6.3.3 第三产业需水预测

第三产业需水包括商饮业和服务业需水。主要采用定额法进行需水预测。第三产业需水可采用万元增加值用水量法进行预测，根据这些产业发展规划成果，结合用水现状分析，预测各规划水平年的净需水定额和水利用系数，进行净需水量和毛需水量的预测。此外由于第三产业用水量大小与第三产业从业人口数量存在相关关系，因此也可以考虑采用从业人口定额法进行估算。

6.4 生态环境需水预测

生态环境用水指为生态环境美化、修复与建设或维持其质量不至于下降所需要的最小需水量。区域河道生态环境需水量分为河道内和河道外两类生态环境需水，预测时需要分

别进行预测。河道内生态环境用水分为维持河道基本功能和河口生态环境的用水，河道外生态环境用水分为湖泊湿地生态环境与建设用水、城市景观用水等。城镇绿化用水、防护林草用水等以植被需水为主体的生态环境需水量，可以用灌溉定额的方式预测估算；湿地、城镇河湖补水等，通常以规划水面的水面蒸发量与降水之差为其生态环境需水量。河道外生态环境需水量计算方法大多与前述其他需水量计算方法类似，这里不再赘述，仅介绍河道内生态环境需水量方法。

河道内的生态环境需水量计算方法主要有水文学方法、水力学方法、生境模拟方法及综合法等。分述如下。

6.4.1　水文学方法

水文学方法一般是在对系统进行描述（包括水量、持续时间、淹没频率）的基础上，关注最小流量和水位特征，并根据简单的水文指标对河流流量进行设定，例如平均流量的百分率或者天然流量频率曲线上的保证率。国外代表方法有 Tennant 法、Texas 法、7Q10 法、NGPRP（Northern Great Plains Resource Program）法、BF（Base Flow）法等。国内代表方法有月（年）保证率法和基本生态需水量法。

1. Tennant 法

Tennant 法（或 Montana 法）是一种依赖于统计理论的方法，是最经典的生态环境需水量估算方法之一。该法首先根据数百条河道水文、水力学参数结合对河道栖息地的主观判断建立流量和水生栖息地质量关系，然后将该关系应用于美国 11 条河道进行验证，进而提出的生态环境需水量估算方法。Tennant 法将多年平均自然流量的简单百分比作为基流。它是以预先确定的年平均流量百分数作为河流推荐基流量。该法不需要现场观测，在没有水文站点的河流，可通过水文计算来获得。在美国，该法通常作为优先度不高的河段研究河流流量推荐值使用，或者作为其他方法的一种检验。一般将多年平均流量的 10% 作为最小的河流生态需水量（表 6.2）。该法有一个明显的缺点，就是排除了重要的流量极值且未考虑流量的时间变化。

表 6.2　河流生态用水的流量状况标准　　%

月份 \ 流量对生态的有利程度		最大	最佳	很好	十分好	好	中	差	极差
推荐流量（平均流量）	一般用水期(10 月—次年 3 月)	200	60～100	40	30	20	10	10	0～10
	鱼类产卵育幼期(4 月—次年 9 月)	200	60～100	60	50	40	30	10	0～10

2. Texas 法

该法在 Tennant 法的基础上进一步考虑了季节变化因素，是根据各月的流量频率曲线进行计算，将 50% 频率水文年各月流量的特定百分率作为最小基本流量，其中特定百分率是以研究区典型植物以及鱼类的水量需求设定的，Texas 法适合于流量变化主要受融雪影响的河流，其他类型的河流应用该法需要对标准做进一步研究。

3. 7Q10 法

7Q10 法是指 10 年一遇最枯连续 7 天的平均水量。具体计算时，首先计算各年最枯连续 7 天的平均流量，然后将各年的计算结果由大到小排序，选择 90% 保证率条件下所对应的最枯连续 7 天平均水量（流量）作为河道生态环境需水量。7Q10 法的目的是为了维持河流水质标准，满足污水稀释功能的河流所需流量，但该法计算结果常常低估河流流量需求，造成河流生态功能要求难以得到满足。为此国内学者对该方法进行改进，将近 10 年最枯月平均流量或 90%保证率最枯月平均流量作为最小流量，这样更能适合于国内河流的生态环境需水要求。

水文学方法仅仅需要历史流量资料即可确定河道生态环境需水量，其最大优点是不需要进行现场测量。由于在计算过程中没有明确考虑栖息地、水质和水温等因素对生态环境需水量的影响，因此水文学方法存在一个隐含的假定，即在计算的生态环境流量条件下水生生物所需的食物、栖息地、水文、水质等生活条件能满足现有生物的要求。该假定确定的生态环境需水量可能会有一定偏差。还需要说明的是水文学方法的流量标准是根据部分已知河道生态环境与径流状况分析得到，因此在用于其他具体河道时，还需要进一步分析其流量标准是否符合当地河流情况，对不满足当地需求的应结合当地河流管理目标，对流量标准进行调整。此外水文学方法一般仅用于设定河流低流量，没有考虑对高流量的要求。综合考虑以上原因，本类方法适合于对河流进行最初目标管理或者在争议比较小、优先度不高的地区使用。

6.4.2 水力学方法

水力学方法是根据河道水力参数（如宽度、深度、流速和湿周等）确定河流所需流量。这些参数大多可以通过实测获得，或者根据曼宁公式计算得到。水力学方法主要有湿周法、R2CROSS 法等。

1. 湿周法

湿周法是水力学方法中应用最广泛的方法。该法利用湿周（过水断面上，河槽被水流浸湿部分的周长称为湿周）作为衡量栖息指标的质量来估算河道内流量的最小值。该法首先建立河道断面湿周和流量的关系曲线，依据该曲线确定湿周随流量增加所表现出的增长变化点位置，然后根据该变化点估算最小需水量推荐值（图 6.2）。

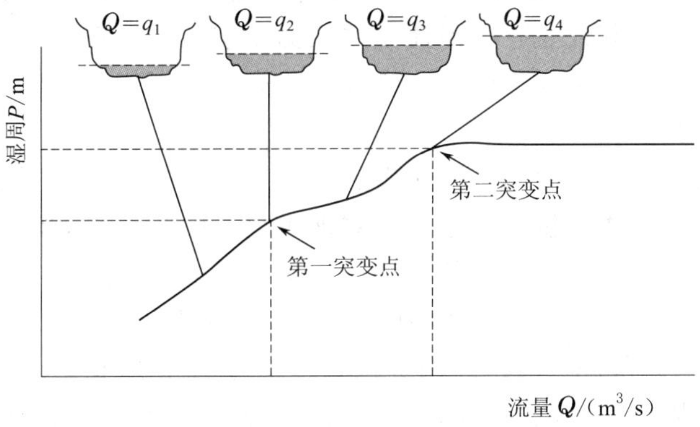

图 6.2 湿周法示意图

通常条件下，湿周会随着河流流量的增大而增加。然而，当湿周超过某临界值后，河流流量的巨幅增加也只能导致湿周的微小变化。注意到这一河流湿周临界值的特殊意义，我们只要保护好作为水生物栖息地的临界湿周区域，也就基本上满足非临界区域水生物栖息保护的最低需求。图 6.2 所示典型湿周流量曲线上，存在两个突变点，当河道流量小于第一个突变点所对应流量时，栖息地质量会迅速降低影响鱼类产量，当流量大于第二个突变点对应的流量时，栖息地质量接近或处于最优栖息地质量状态，鱼类产量达到最优状态。应用该方法时可以根据需要选择突变点推求生态环境流量大小。将河流临界湿周作为水生物栖息地质量指标估算相应河流生态需水量时，所得的流量会受到河道形状的影响，例如在三角形河道上，湿周和流量关系曲线的增长变化点表现不明显，难以判别；而宽浅矩形渠道和抛物线形河道均具有明显的湿周和流量关系增长变化点。湿周法仅考虑了流量因素，忽视了水流流速的变化，同时未能考虑河流中具体的物种及其在不同生命阶段对水力参数的需求。还需要进一步说明的是应用本方法时选定的河槽形状要稳定且不随时间变化，否则难以得到稳定的湿周-流量关系曲线。

2. R2Cross 法

R2Cross 法认为河流流量的主要生态功能是维持河流栖息地，尤其是浅滩栖息地。该方法假定维持浅滩栖息地的流量足以维持河道鱼类及其他水生生物所需的水量。基于该假定采用河流宽度、平均水深、平均流速以及湿周率等水力学指标来评价河流栖息地的质量水平，并给出了河道断面不同水力学指标的参考值（表 6.3）。

表 6.3　R2Cross 法确定最小流量的标准

河流顶宽/ft	平均水深/ft	湿周率/%	平均流速/(ft/s)
1～20	0.2	50	1.0
21～40	0.2～0.4	50	1.0
41～60	0.4～0.6	50～60	1.0
61～100	0.6～1.0	≥70	1.0

注　1. 数据来源：Espegren，1996。
　　2. 1ft=0.3048m。

应用 R2Cross 计算生态环境需水量时，首先选定一个河流控制断面，根据该实测资料，确定相关参数，并将其代表整条河流，并依据曼宁公式计算河道需水量。该法比水文学方法相对复杂，而且用一个河道断面水力参数代表整条河流，容易产生误差。

6.4.3 生境模拟方法

生境模拟法是对水力学方法的进一步发展，它是根据指示物种所需的水力条件确定河流流量，目的是为水生生物提供一个适宜的物理生境。因为生境方法可定量化，并且是基于生物原则，所以目前被认为是最可信的评价方法。目前最常用的生境模拟方法为流量增加法（In - Stream Flow Incremental Methodology，IFIM）。

IFIM 法由美国鱼类和野生动物部门提出，该法把大量的水文水化学实测数据与特定的水生生物物种在不同生长阶段的生物学信息相结合，进行流量增加的变化对栖息地影响的评价。考虑的主要指标有河水流速、最小水深、河床底质、水温、溶解氧、总碱度、浊度、透光度等。IFIM 法根据这些指标，采用物理栖息地模拟模型（Physical HABitat SIMulation model，PHABSIM）模拟流量变化与生物栖息地类型的关系，通过水力数据和生物学信息的结合，确定适合于一定流量的主要水生生物及其栖息地类型。该法不仅可用于水生生物需水评价，也可适用于景观、娱乐等功能要求。

该种方法的优点在于能将生物资料与河流流量研究相结合，使其更具有说服力。生境模拟方法要考虑到指示生物在不同生活期对生境要求的变化，这种变化在河流流量上表现为对季节变化和适当的洪水规模的要求。另外，该法既不需要建立种群和生境之间的联系，也不需要生物数据量。该方法的不足之处是仅用生境指标进行代替生物量或者种群变化，与其他模型缺乏紧密结合，没有明确考虑泥沙运输和河道形状变化，结果比较复杂，实施需要大量人力物力，不适合快速使用。另外，由于生境模拟方法将重点放在一些河流生物物种的保护，而没有考虑包括河流两岸在内的整个河流生态系统，因此推荐的流量范围有时与整个河流的管理要求不完全相符合。

6.4.4 综合法

与生境模拟法仅针对少量或个别生物为研究对象不同，综合法强调河流是一个综合生态系统。它从生态系统的整体出发，根据专家意见综合研究流量、泥沙运移、河床形状与河岸带群落之间的关系，使推荐的河道流量能够同时满足生物保护、栖息地维持、泥沙沉积、污染控制和景观维护等功能。这些方法对于解决较小型河道生态环境需水较为实用，但对于大河而言，需要有更多的实践和参数变换，而且这些方法不太适用于湖泊、沼泽湿地等。

6.5 供需平衡分析

供需平衡计算应针对不同水平年和不同频率的代表年（一般为 $P=75\%$ 和 $P=50\%$ 两种），以月或旬为计算时段，按分区平衡单元，从上游到下游、先支流后干流依次进行，然后进行大单元的汇总，直至河口或区域出口控制点。

各分区单元的余缺水量不能相互平衡，不能正负抵消。上游可供水量的余水可供下游区间利用，故在进行全区域可供水量及余缺水量统计汇总时，必须注意各单元可供水量之间可能被重复利用。各单元缺水量的总和为全区域的总缺水量，而全区域的余水量则为接近区域出口最下游单元的余水量。

地表水与地下水两种水源应分别平衡，然后汇总。河道外用水与河道内用水也要分别平衡。一般先考虑河道外用水，在支流单元汇总后，检查河道内用水。如果河道内用水得不到满足，则须调整供水工程和用水量，使河道内外协调平衡。

供需平衡计算后，如果发现工程可供水量不能满足枯水年份的需水要求，一般要立足于本单元、本流域（或区域）开源节流，自行调整和解决供需矛盾，在技术可能和经济合理的情况下，还要增建新工程，开辟新水源。同时，也要分析各部门提出的需水量是否合理，提出调整用水的意见，例如改漫灌为喷灌、滴灌、推广旱稻、调整农业结构和工农业布局或采取其他节水措施。供需平衡计算一般要经过几次反复调整，才能形成比较合理的成果。

供需平衡计算后，应将各单元的水资源量、各类水利工程可供水量、国民经济各部门的用水量、不同水平年可供水量和需（用）水量的预测、余缺水分析等主要成果进行区域汇总，按要求填制相应的表格，计算水资源利用率。通过供需分析，要从水资源合理利用的角度出发，对区域水资源开发利用现状及今后两个水平的供需关系进行评价和展望，对解决缺水地区供需矛盾的途径、措施以及区域农业规划、水利规划和工农业合理布局提出必要的建议。

思 考 题

1. 区域需水量一般包括哪些方面?
2. 工业用水由哪几部分组成? 它们之间是什么关系?
3. 影响农业用水大小的因素主要有哪些?
4. 预测生态环境需水量的方法有哪些? 不同方法所需要的输入条件是什么?

参 考 文 献

[1] 郭元裕．农田水利学［M］．北京：中国水利水电出版社，1997.

[2] 杨志峰，张远．河道生态环境需水研究方法比较［J］．水动力学研究与进展，2003，18（3）：294－301.

[3] Leathe，Stephen A.，Frederick A. Nelson. A Literature Evaluation of Montana's Wetted Perimeter Inflection Point Method for Deriving Instream Flow Recommendations. Montana Department of Fish，Wildlife and Parks. Helena，Montana. 1989.

[4] Espegren，G. D. Development of instream flow recommendations in Colorado using R2CROSS：Denver，CO，Water Conservation Board. 1996.

第7章　多水源联合运用

随着水资源日益紧缺与水污染等问题的日益恶化，开展和加强多种水资源联合开发利用是解决我国农业水资源短缺、保障粮食安全的有效措施。广义的多水源联合运用主要指地表水、地下水、外调水以及劣质水等不同类型的水源。常见多水源联合利用主要包括地表水、地下水的联合运用；淡水、劣质水的联合利用等。狭义的多水源联合运用一般指水库、泵站、渠道、塘堰等多个水源组成供水系统的联合运用。

7.1　地表水与地下水联合运用

7.1.1　地表水与地下水联合运用的必要性

随着人口的增长及国民经济的发展，水资源的供需矛盾越来越尖锐。因此，联合运用地表水和地下水资源的重要性逐渐为更多的人所认识。实践表明，地表水和地下水的联合运用不仅可以增加水资源的利用量，同时还可以使其他农业生产条件得以改善。合理开发利用地下水，可以有效地调节控制地下水位，防止在纯渠灌区地下水位恶性上升，造成涝渍或土壤次生盐碱化，防止在纯井灌区地下水超采，地下水位急剧下降，形成大面积的地下水降落漏斗。采用井渠结合灌溉的方式有如下优点：

(1) 提高灌区水资源利用率。开采地下水灌溉，第一，可以把引地表水灌溉渠道和田间渗漏水量重复利用，提高灌溉水的利用率；第二，井灌降低地下水位，可增加降雨的入渗量，减少径流流失，提高降雨的利用率；第三，井灌降低地下水位，减少潜水蒸发，提高水资源的利用效率。所以，开展井灌是节水灌溉不可替代的技术措施。

(2) 提高灌溉用水保证率。北方地区降水量年际变率大，地表径流年际变率更大。采取井渠结合的灌溉方式，利用地下水的巨大储量，干旱年多取地下水补地表水之不足；丰水年多用地表水、且回灌地下水；二者结合，使灌溉保证率提高。

(3) 防治灌区渍涝和盐碱化。北方河流冲积平原，土壤和地下水含可溶盐分较多，引地表水灌溉，抬高地下水位，容易引起土壤盐渍化和加重渍涝灾害。而河流冲积平原的土壤多粉砂，挖沟排水，控制地下水位，由于沟坡坍塌，难以达到设计效果。打井开采地下水灌溉和采取竖井排水降低地下水位则容易办到，所以井渠结合是控制地下水位，防治灌区渍涝和盐碱灾害的可靠措施。

(4) 提高作物产量。大型灌区实行轮灌，灌水周期长，难以满足作物适时灌溉的要求；而井灌则机动灵活，可以适时灌溉，保证作物丰产用水。

(5) 抽咸换淡、改造利用浅层地下咸水。地下水矿化度高是灌区次生盐渍化的根源，又是地下水开发利用的障碍。采取竖井排水，抽排高矿化度的地下水，利用雨水和引入低矿化度的地表水，入渗补给地下水，可逐渐使一定深度内的浅层地下水淡化，变为可利用的水源，这种措施称为“抽咸换淡”。“抽咸换淡”是保持灌区盐分平衡和改善灌区生态环境的基本措施。

由于上述原因，地表水和地下水联合运用是水资源开发利用的有效形式。在我国大部分地区都存在地表水和地下水联合运用的问题，特别是在缺水的北方平原地区和地势开阔的山间盆地，地表水和地下水联合运用更为普遍和重要。即使在水资源较为充沛的地区，从经济、环境角度考虑，也存在着地表水、地下水的合理开发利用问题。如何把地表水和地下水作为一个系统整体来考虑，使水资源的开发取得最好的经济效益和环境效益，也是水资源规划管理部门需要研究解决的重要课题。随着系统工程理论与实践的不断发展，目前人们已经能够把地表水和地下水的联合运用作为一个整体来进行系统研究，进而科学指导系统的规划设计与运行管理。反过来，只有把地表水与地下水联合起来，运用系统分析的方法来规划管理，才能实现地区水资源的最优开发。

7.1.2　地表水与地下水联合运用的基本原理与水量调配原则

1. 地表水与地下水联合运用的基本原理

地表水与地下水联合运行是根据地下水和地表水的动态特征，利用含水层空间的调蓄能力进行的。河川径流量动态变化大，而地下水径流量则较稳定，而且后者的流量高峰期要比前者滞后一段时间，这些特征就为地表水与地下水的联合运用提供了条件。

地表水与地下水联合运用的方式是：在枯水期（或干旱年份）地表水供水不足的情况下，要超量开采地下水来补充供水量，并且腾出地下含水层储水空间。在丰水期（或丰水年份），充分利用地表弃水进行地下水人工补给，以补偿枯水期已超采了的地下水量。这样，地表水和地下水联合运行的结果将产生由地表水和地下水（包括由弃水回灌而产生的地下水人工补给量）组成的有保证的稳定供水量，并形成由弃水补给地下水的可利用的水资源增量。

应该注意的是，地表弃水对地下水的人工补给量取决于弃水量的多少、渗漏补给或人工回灌能力，以及含水层储水空间的大小。因此，如果弃水量大，入渗补给条件好，加上含水层储水空间足够大时，充分开发地下库容可以起到水资源多年调节的作用。

2. 水量调配原则

地表水与地下水联合灌溉系统是由互有水力联系的地表水及地下水两种水源供水，组成一个灌区。地表水的年际、年内变化大，但管理方便，灌溉成本低。地下水有水量较稳定，就近供水之优和灌溉成本高之弊端，故可联合形成灌溉系统，取长补短。调配原则必须是充分优先使用渠水（地表水），而以井水（地下水）作为灌溉用水之补充，这样可以降低灌区的总灌溉成本。当地下水接近灌溉临界水位时，应及时抽取地下水灌溉，使地下水位降低，有利于作物生长。

地下水的开采量，必须与地下水的补给量相适应，过量开采将导致地下水位骤降、地表下沉。因此，联合系统中应将地表水、地下水统筹安排，合理利用，注意有计划地将地表水（余水、弃水）进行人工回灌，以补充地下水源。

7.1.3　地表水与地下水联合运用系统的类型

地表水与地下水联合运用系统主要由地表供水系统、地下供水系统和用水系统组成。地表供水系统包括水源工程和输配水系统。水源工程可能是蓄水枢纽（如水库），也可能是无调节引水工程。地表水的存在形式在很大程度上取决于水源工程的类型和联合运用的方式。按照地表水源的存在形式及其复杂程度，可把地表水和地下水联合运用系统分为下述3种类型。

1. 地表水库与地下含水层（或称地下水库）的联合运用

这种联合运用形式的主要特点是，地表供水系统是有调蓄能力的水库，许多流域或地区可能包含有几个并联或串联的地表水库，而地下含水层可根据水文地质条件、自然地理条件、经济条件和行政区划，分为若干个特征不同的单元。根据地表供水系统、地下供水系统和用水系统的相对位置情况，可将地表水库与含水层联合运用系统进一步划分为以下4种基本类型。

（1）地表供水系统、地下供水系统和用水系统，三者相互独立。这种联合运用系统的开发和管理，类似于水文上独立的地表水库群。因此，可以单独确定每个子系统的开发费用和管理费用，在经济、水量储存、水量调配等方面，把地表水子系统与地下水子系统联合起来。

（2）地表供水系统和地下供水系统相互独立，而地下供水系统和用水系统相互作用。例如，农业灌溉用水的深层渗漏，成了地下含水层的补给源。

（3）用水系统与任何供水系统没有物理上的联系（如城市供水），而地表供水系统和地下供水系统是相互联系的。如地表河流横跨地下水流域（地下水库）之上，使两者在水文、水力上是相互作用的。

（4）所有子系统之间都存在物理（包括水文、水力）上的联系。在某一子系统上损失掉的，常常可以在另一子系统上获得。子系统之间相互作用，有自然的和人为的两种形式。

2. 河流引水工程与地下含水层的联合运用

有些河流无蓄水水库，但有引水工程，在这些地区的水资源开发中，若有必要开采地下水，那么就存在河流引水与地下水联合运用的问题，这种联合运用系统的主要特点是，地表供水水源没有调蓄能力，依据天然径流供水，丰枯变化较大。因而发展人工回灌，发挥地下水库的调蓄作用就显得更为重要。

与地表水库和含水层联合运用系统类似，河流引水与含水层联合运用系统也可根据子系统在水文、水力上相互作用的情况，划分为4种基本类型，这里不再赘述。通常关心的是河流引水量的多少和地下水可开采量的多少，特别是两者的比例。这种联合运用型式通常的运行规则有：

（1）优先利用河川径流。在丰水季节，尽可能利用河水灌溉，避免河水废弃；在干旱季节开采地下水，以提高供水保证率。

（2）发展人工回灌，把多余的径流引蓄到含水层，发挥地下水库对水资源的调蓄作用，达到充分利用水资源的目的。

（3）保证地下水开采量与补给量的平衡。

3. 多种地表水源与地下水的联合运用

对于一个地区或一个流域来讲，地表供水水源常常是水库和河流兼而有之，有时还可能存在跨流域的调水。这种多种地表水源与地下水的联合运用型式，常常是地区开发或流域开发要研究的问题，往往具有下述特点：

（1）规模庞大。这种联合运用型式常常是地区或流域开发的研究课题，因而地表供水、地下供水和用水的数目均很大。

（2）结构复杂。这种联合运用型式不仅地表供水系统、地下供水系统和用水系统之间的相互关系复杂，而且上下游之间、子区与子区之间的关系也十分复杂。

（3）目标多样。地区或流域水资源的开发目标常常不是单一的，而是多样的。

4. 地表水与地下水联合运用算例

已知某均衡区面积46km^2，耕地占总面积的2/3，第一淡水层底板埋深一般为25m，土质大部分为亚砂土和亚黏土，含水层岩性为细砂和粉细砂。土壤给水度为0.048；该地区多年平均降雨量540mm；多年平均地下水补给量为80.18mm；多年平均灌溉用水量为152.5mm，扣除灌溉水回渗量10%，得净灌溉用水量为137.5mm。因此，补给量与地下水灌溉用水量之比仅为(80.18/137.5)×100%＝58.3%。表明地下水资源不能全部满足灌溉用水的需要。从地下水补给可能性看，最多不能超过58.3%。为此，选取了45%、50%、55%等3种程度的井灌率，分别进行均衡计算。限于篇幅，这里仅取55%的井灌率进行均衡计算。经分析，井灌率为55%时，年均衡条件下灌溉保证率仅有31.8%。这说明单纯进行地下水的年调节运用，保证率是很低的，为了提高保证率，还须进行多年调节。

地下水资源评价的多年均衡法可以采用时历法，也可以采用数理统计分析的方法。以下重点介绍多年均衡时历法。

时历法是在一定开采方案下根据历史上各年实测的资料进行连续的均衡计算方法（以一年为一计算时段）。为了确定连续干旱年份可能达到的最大水位降深和判明多年范围内地下水是否可以补回，可以自系列中的连续干旱年份第一年作为均衡计算的起始时间，而将这一时间以前的各年（来水较多的年份）排在实际系列终了年份的后面（即作为水文周期循环出现）。表7.1为采用时历法进行均衡计算的实例。例中水量调节自1964—1965年度（枯水年）开始计算。计算系列按1964—1965年度至1974—1975年度（本例实测资料由1954—1974年），1954—1955年度至1963—1964年度排列，即1974—1975年度完了以后，又开始出现1954—1955年度的情况。

显然，实测资料系列越长，越接近真实情况。考虑到埋深在3m以内时地下水量大部分将消耗于潜水蒸发和沟渠排水，难以开发利用，为此，均衡计算的起始计算水位（正常高水位）自3m开始。兹以井灌率为55%的情况为例说明计算方法与步骤。首先将各年补给和用水列入表中第2、3栏，根据各时段的均衡差值（第4、5栏），求得各年的地下水位变化值（均衡差除以给水度）列入第6、7栏，自1964—1965年度逐年推算多年均衡要求的地下水埋深，见第8栏。由于年内灌溉用水与补给在时间分配上存在一定矛盾，为了满足年内灌溉要求，还需要一定的地下水位降深（即年调节库容）。在无复蓄的情况下，年内最低水位为年度开始时多年调节要求的水位，减去年用水要求的降深（即年用水除以给水度）；年内最大埋深为年度初多年调节要求的地下水埋深加年用水要求的降深。年用水要求的降深列入第9栏。将年度多年均衡和年均衡要求的总库容相加（即第8、9栏相加）即可求得满足灌溉用水要求所需要的地下水总埋深（第10栏）。在年内有两个以上的降水季节（如安徽淮北），地下水库有两次以上蓄水过程（复蓄），或虽有一个雨季但汛期灌溉用水量不容忽视的情况下，需要通过逐月均衡单独计算年调节库容，然后与多年库容相加，也可以根据多年逐月补给和用水量系列，直接推求各年要求的最大埋深。求得各年要求的地下水埋深后，将各年埋深自小到大按顺序排列，即可计算出水泵提水能力达到第10栏内所列各种埋深时的灌溉设计保证率。

表 7.1　　时历法均衡计算过程表

年度	来水量（补给）/mm	用水量 mm	来用水量差值/mm		地下水位变化值/m		多年均衡要求的地下水埋深/m	年用水要求的地下水位变幅/m	多年调节和年调节要求的地下水埋深/m	序号	保证率/%
			+	−	+	−					
1	2	3	4	5	6	7	8	9	10	11	12
							3.00				
1964—1965	19.24	96.40		77.16		1.61	4.61	2.01	5.01	3	13.64
1965—1966	73.60	82.30		8.70		0.18	4.79	1.71	6.32	4	18.18
1966—1967	71.00	76.40		5.40		0.11	4.90	1.59	6.38	5	22.73
1967—1968	11.88	96.40		84.52		1.76	6.66	2.01	6.91	7	31.82
1968—1969	54.10	62.30		8.20		0.17	6.83	1.30	7.96	12	54.55
1969—1970	72.63	76.40		3.77		0.08	6.91	1.59	8.42	17	77.27
1970—1971	146.11	62.30	83.81		1.75		5.17	1.30	8.21	13	59.09
1971—1972	11.88	82.30		70.42		1.47	6.63	1.71	6.88	6	27.27
1972—1973	59.35	62.30		2.95		0.06	6.69	1.30	7.93	11	50.00
1973—1974	98.53	82.30	16.23		0.34		6.36	1.71	8.41	16	72.73
1974—1975	28.19	62.30		34.11		0.71	7.07	1.30	7.65	8	36.36
1954—1955	72.28	82.30		10.02		0.21	7.28	1.71	8.78	20	90.91
1955—1956	104.26	62.30	41.96		0.87		6.40	1.30	8.57	18	81.82
1956—1957	46.30	62.30		16.00		0.33	6.73	1.30	7.70	9	40.91
1957—1958	43.55	76.40		32.85		0.68	7.42	1.59	8.33	15	68.18
1958—1959	64.80	62.80	2.00		0.04		7.38	1.31	8.73	19	86.36
1959—1960	165.00	90.0	75.00		1.56		5.81	1.88	9.25	21	95.45
1960—1961	63.80	96.40		32.60		0.68	6.49	2.01	7.82	10	45.45
1961—1962	240.40	82.30	158.10		3.29		3.20	1.71	8.21	14	63.64
1962—1963	45.53	68.30		22.77		0.47	3.67	1.42	4.62	1	4.55
1963—1964	191.40	62.30	129.10		2.69		0.98	1.30	4.97	2	9.09

从表 7.1 中可以看到，在井灌率为 55%的情况下，如农田用水得到保证，地下水最大埋深达到 9.25m（静水位）。在井灌率为 55%时，各年地下水位变化过程如图 7.1 所示。从表 7.1 和图 7.1 可以看到，在井灌率为 55%的情况下，整个水文周期内干旱年份地下水位虽然有所下降，最大降深达到 9.25m，但丰水年份水位又逐渐回升至埋深 3.0m 左右，表明用水是可以得到保证的。

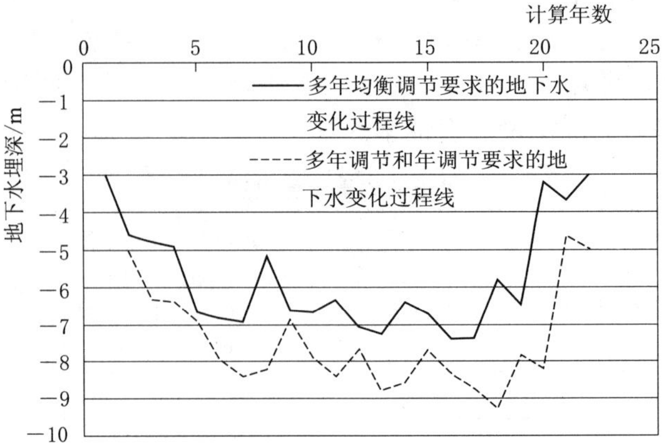

图 7.1　多年均衡条件下地下水位变化过程图

根据同样的方法，可以求得井灌率为 45%、50%时不同灌溉保证率情况下要求的地下水埋深。

计算表明，随着灌水率和灌溉用水水平的提高，要求的最大埋深也逐渐增大，灌溉保证率越高，要求的地下水埋深也越大。

7.2　劣质水利用

劣质水通常是指水质不能满足农业用水的要求但加以处理可以利用的水，如城镇工业及生活污水、微咸水等。利用污水灌溉农田的经济效益和环境效益是十分明显的，它能够充分利用污水中的水肥资源，有利于农业生产；能够取得污水中的腐殖质，有利于改良土壤；能够减轻水体的污染负荷，有利于保持良好的生态平衡。但是，如果污水灌溉使用不当，反而会导致作物减产、恶化土壤、传染疾病、破坏生态平衡，危害国家经济发展和人民的身体健康等。

鉴于污水灌溉会产生两种不同的后果，因此，必须根据我国国情，努力探索经济有效、技术可行、节省能源的污水处理与利用系统，这对于防止环境污染、保护人民健康、改善生态系统、发展农业生产等具有十分重要的意义。

7.2.1　污水灌溉的发展与现状

由于水资源日益稀少，灌溉水短缺已成为制约农业生产持续发展的主要因素。世界各地，特别是干旱和季节性干旱地区，城市污水广泛用于农业灌溉。据估计，目前世界上约有 1/10 的人口食用利用污水灌溉的农产品，由此可见，污水灌溉的实践在世界范围内非常普遍。

事实上，污水灌溉的历史已经长达几个世纪，大规模的污水灌溉始于 19 世纪后期。人们兴建了很多专门的污灌区，用于污水处置，防止河流污染。那时，由于理论不成熟和缺乏经验，这类污水灌区大部分都设计的不尽合理、管理不善或运行机制不健全，所以，截至 20 世纪 40 年代，已经所剩无几。这类污水灌区中，成功的例子是建于 1897 年的 Werribee 污水灌区，用于澳大利亚墨尔本市的污水处置。该污水灌区灌溉面积约

1 万 hm^2，目前仍在正常运转。20 世纪 40 年代中期，污水资源灌溉回用问题又重新得到重视，特别是在干旱半干旱缺水地区，由于水资源匮乏问题日渐突出，污水资源成为重要的水资源。在这一时期，人们利用污水资源灌溉农田的主要目的是资源利用，而健康和卫生问题是人们关心的焦点。

从地域范围看，污水灌溉的实践则遍及世界上大多数地区。早在 16 世纪中叶，西欧各国就相继利用污水灌溉农田；在经济发达的美国，目前全国 50 个州中有 45 个州开展了污水回用于农业的工作，全国城市污水再生回用总量约为 94 亿 m^3/a，其中 60%用于灌溉；气候干旱的以色列，1972 年制定了国家污水再利用工程计划，目前全国建有 200 多个污水回用工程，其污水利用率已达 70%，其中约 2/3 用于灌溉，灌溉用污水水量占总灌溉水量的 1/5；突尼斯 2000 年再生水的灌溉用水量达到 1.25 亿 m^3；约旦大多数城市处理后的污水主要回用于农业，灌溉面积近 1.07 万 hm^2；印度自 20 世纪 80 年代以来，每年用于农田灌溉的污水占城市污水量的 50%以上；墨西哥城 90%的城市污水回用于农田灌溉，灌溉面积达 9 万 hm^2。此外，世界上其他一些国家如阿根廷、巴西、智利、希腊等，在污水回用农业方面也有丰富的实践。

在我国，污水灌溉已有很长的历史。很多地方长期以来保持着利用人的粪尿灌溉农田的习惯。随着生产力水平和经济发展水平的不断提高，对淡水资源的需求不断增加，污水的排放量也越来越大，同时，水资源短缺状况日益严重。特别是在我国北方地区，水资源短缺问题更为突出。在没有足够的淡水资源的情况下，人们普遍利用污水灌溉农田，污水灌溉面积也不断增加。我国自 1957 年开始污水灌溉的试验工作，北京、天津、西安、抚顺、石家庄等城市先后开辟了大型污水灌区。其后污水灌溉发展迅速。据有关资料统计，我国城镇污水中所含氮肥约为 26.7～90.0mg/L（总氮），22.0～48.0mg/L（氨氮），其中磷为 3.2～3.9mg/L，钾为 5.2～40.0mg/L。污水灌溉旱田一般情况下可以增产 50%～150%，水稻可增产 30%～50%，水生蔬菜可增产 50%～300%。采用污水灌溉除节约肥料、增加产量外，在农业上还有节省劳力、改良土壤和提高土壤肥力的效能。只要灌溉水质控制得当，就可使贫瘠、板结、坚硬的土壤提高肥力，形成团粒结构。在缺水地区，污水更有抗旱防灾的重大作用。到 20 世纪 90 年代，我国的污水灌溉面积已经达到 300 万 hm^2。目前，我国污水灌溉面积还在不断扩大，主要污水灌溉区都具有干旱、半干旱的气候特点，水资源紧缺，污水已成为这些地区灌溉用水的宝贵而重要的水源。

为了安全利用污水灌溉农田，不同的国家或国际组织制定了一些有关的标准。美国国家环境保护局会同有关方面于 1992 年提出了污水回用建议指导书，包括了回用处理工艺、水质要求和监测以及适宜灌溉的作物和适宜的灌水技术等污水回用的各个方面，这为类似地区的污水灌溉提供了重要的指导信息。美国很多州也分别制定了污水灌溉水质标准，虽具体内容各不相同，但规定具体，要求严格，以确保作业人员或其他接触回用水人员的安全，保证污水灌溉的可持续利用。例如亚利桑那州污水回用标准允许用未经消毒的二级出水灌溉纤维作物、畜牧饲料作物和果实不接触灌溉水的果树；犹他州允许二级出水用于饲料作物以及有足够高度的食用作物（谷物、玉米等）的灌溉。以色列对于不同的灌溉项目制定了具体的污水灌溉回用标准，规定除去皮水果外，生食作物不得使用二级出水灌溉。

世界卫生组织（WHO）对不同国家和地区污水灌溉回用的经验进行了总结，于 1973 年出版了《污水回用于农田灌溉和水产养殖的健康指南》。该指南对卫生学指标要求十分严格。随着污水灌溉实践的不断发展，人们对污水灌溉的认识不断深化，WHO 对该指南进行了修订并于 1989 年出版了新版指南。与 1973 年出版的指南相比，新版指南各指标要求显著降低，但大多数情况下仍然难以达到。

上述标准和指南都是建立在零风险基础上的，因此指标要求较高。近些年来，人们逐渐认识到零风险的要求难以达到，在实际中也无必要。因此，联合国粮农组织（FAO）在世界各地开展污水灌溉的基础上，先后出版了污水处理与灌溉回用、污水灌溉水质控制两部技术报告，对回用于农业灌溉的水质要求和可以选用的污水处理方法进行了讨论。目前，国际上正在进行有关标准的重新修订。

我国于 1979 年、1985 年和 1992 年先后 3 次颁布了《农田灌溉水质标准》。在 1992 年的标准中增补了有关有机物指标。但迄今为止，还没有专门适用于污水灌溉回用的有关标准或指南。

由于不同用途的作物对灌溉水的水质标准要求各不相同，国际上目前的一个重要趋势是针对不同用途，制定不同的水质标准。因此在开展污水灌溉水质标准相关研究工作的同时，还应该考虑这一因素，以便制定既安全又经济实用的污水灌溉相关标准或指南。

7.2.2　污水处理工艺及灌溉原理

1. 污水处理工艺

工业污水和城市生活污水逐年增加，很多污水并未经过严格处理，达不到相应的排放标准。这些污水不能直接用于农业灌溉，须经过预处理并结合科学的灌溉技术。

对于高浓度污水、酸性或碱性污水、高温废水等采用稀释、中和、冷却等方法进行水质调节。悬浮物含量超标的污水采用格栅、筛网、石英砂、帆布等对污水进行过滤，降低其悬浮物含量。含氰、硫、酚等有毒物质废水，采用漂白粉、液氯和臭氧等氧化剂处理废水中的有毒物质并除臭、脱色、杀菌，降低 COD 含量。

2. 灌溉原理

在我国污水灌溉的农田可分为旱田和水田，其净化过程和作用各不相同。

（1）污水灌溉旱田。污水灌溉旱田的净化过程是由表层土的过滤截留、土壤团粒结构的吸附储存、微生物的氧化分解与固化吸收、作物的吸收作用以及土壤胶粒的交换过程组成，并在这一系列过程中不断补充新的腐殖质，从而又促进污水的利用和净化过程。因此，在农业污水灌溉中，污水的灌溉与利用是同时进行的，并且互为因果地结合在一起。

另一方面污水灌溉旱田应受到一定条件的制约。其一是对水质的限制，特别是对含有有毒物质的工业废污水，应在出厂前进行无害化处理；其二是对灌溉水量的限制，灌溉污水量不能超过作物需水量，否则会产生污水的大量深层渗漏，污染地下水，影响环境卫生等；第三是在雨季和作物非生长期，不要进行污水灌溉。

（2）污水灌溉水田。污水灌溉水田的净化作用由藻菌共生、大气复氧、作物吸收等几部分组成，净化效果较高。当污水在水田中的停留时间为 3～8 天时，水中的 BOD_5 均在

20mg/L 以下，最低可达 1～2mg/L，BOD_5 的去除效果达 90%以上，有的甚至高达 98.9%，细菌总数去除率为 50%～96%。

7.2.3 污水灌溉技术措施

灌溉制度是设计灌溉系统的基础，也是灌溉系统管理的主要依据。正确的灌溉制度，可以提高作物产量，充分发挥污水的水肥功效，同时还可以防止污染地下水和改变土壤肥效。

污水中有害物质在作物中的富集程度呈根、茎、叶、籽粒果实递减规律，因此食用根、茎、叶的蔬菜和薯类等应杜绝污灌，水稻、小麦、玉米、谷子、棉花等作物可适量引污灌溉。

污水灌溉水稻，应选用耐肥品种，调配水肥，间歇晒田，还应根据水稻的不同生育期，合理调配污水浓度，使田块各部分水肥分布均匀。采用间歇晒田措施，可以提高地温，改善土壤通气条件，提高土壤微生物降解有机物的能力，并可促进作物生长。

污水灌溉小麦、玉米，应以污水作底水基肥，掌握好不同生长期的需肥量，并根据土地肥瘠、作物生长壮弱情况，确定灌水次数和灌水量，每次灌水后注意松土保墒。对呈盐碱性的土壤，以少灌或不灌为宜。

污水灌溉蔬菜，应清水育苗，分散进水，配合基肥，控制灌水。种菜前应平整土地，先用污水作底水基肥，幼苗期不宜灌溉污水，注意避免心叶部分沾染污水，清晨及晚上宜于灌水，切记天气炎热时浇水。叶菜类需肥量大，宜多灌，果菜类应少灌。蔬菜类收获前 10 天和生食蔬菜，不宜用污水灌溉。

污水灌溉一般有两种灌溉制度，即清污轮灌和清污混灌。

清污轮灌是指在作物的全生育期某些次使用清水，某些次使用污水。其总体原则是不要求每次的灌溉水质均符合农田灌溉水质标准，但在全生育期内的平均水质应该满足灌溉水质标准。

灌水期内的污水总量与水质有关。其清水需要量为使得总体生育期内的平均水质可以满足灌溉水质标准的水量。

污水在生育期内的分配。有了一定的污水灌溉量以后，需要在全生育期进行合理的分配，使得对作物的有害影响达到最小。根据现有的污灌经验，利用污水灌溉的优先顺序依次为：播前灌、非苗期、苗期；气温低时优于气温高时。

清污混灌是指每次灌溉水均为清水和污水的混合，混合后的水质符合农田灌溉水质标准。利用该原则首先计算作物生育期内的总污水用量。污水在各次灌溉水中分配均按灌溉制度中各次灌溉定额占总灌溉水量的比例分配。清水的实际需求量由超标倍数最大的污染因子决定。

从环境影响上比较，混灌比轮灌要好。因为混灌保证了每次灌溉水质均符合灌溉水质标准，因此对作物的危害最小。轮灌虽然在平均水质上满足灌溉水质标准，但是可能会在某生育阶段导致受害减产等不良结果。

从灌水方式的操作上比较，轮灌比混灌好。轮灌的实际操作为污水灌溉期引用河水进行灌溉，清水灌溉时采用井水灌溉，清污轮灌采用一套渠系就可以操作；而清污混灌需要在水进入田间之前将清污水进行混合，具体的混合方式对渠系工程和管理提出了更高的要求。

7.2.4 咸水灌溉及其对环境的影响

国内外利用微咸水灌溉已经积累了很多成功经验。据国外资料，突尼斯没有1g/L以下的淡水。对砂壤土采用5g/L或矿化度更高的咸水灌溉；对重壤土用2～5g/L的微咸水灌溉。意大利利用2～5g/L微咸水灌溉已经有20余年历史，印度还研究利用稀释的海水进行灌溉。我国西北地区的宁夏、甘肃、陕西等地也都有利用微咸水浇地的历史和经验。近年来，在黄淮海平原综合治理试验区利用微咸水灌溉方面也取得了很多成功经验，如抽咸换淡灌溉、咸淡交替灌溉、咸淡混合灌溉等。各地实践证明，只要混合后的水含有的盐分不超过标准值且排水良好，咸水的使用就不会造成作物的严重减产。

1. 微咸水灌溉方法

(1) 选择耐盐作物和非耐盐作物进行合理的换茬轮作。如先种棉花，再种小麦，再次种玉米或苜蓿等作物，在此基础上进行微咸水灌溉。

(2) 根据作物不同生育期采用含盐量不同的水分进行灌溉。如小麦或甜菜的生育初期，耐盐力较低，宜采用矿化度小于1.5g/L微咸水进行灌溉，其他生育期采用矿化度大于3.5g/L的咸水进行灌溉。

(3) 咸淡交替灌溉。交替时间和数量取决于含盐量、作物种类、耐盐力强弱、气候条件和灌水方式等。

2. 微咸水灌溉的技术措施

(1) 在春秋两季控制地下水位。春秋两季土壤水分是以蒸发积盐为主，要把地下水控制在临界深度以下，截断或减少地下水对盐分的补给，控制土壤盐分上行是防治盐害的基本措施。

(2) 咸水浇地要适时。小麦返青期抗盐能力弱，不宜浇咸水，小麦拔节后，抗盐能力增强，可用微咸水灌溉。

(3) 微咸水灌溉适用于大定额灌水。灌水定额要大于$900m^3/hm^2$，使入渗地下水的重力水造成排咸淋咸的条件，可降低土壤的含盐量。

(4) 咸淡（碱性水）混浇水，搭配比例要符合灌水要求。因浅层水的含盐量、pH值受季节和降雨的影响而升降，故在用水前要进行含盐量和pH值的化验，根据化验结果进行比例搭配。

(5) 咸水灌溉后要进行及时中耕，控制土壤反盐。中耕松土切断土壤毛细管，使松土层的水分减少，控制下层水分蒸发，减少盐分向地表聚集。

3. 咸水灌溉对环境的影响

因咸水灌溉而增加的盐分经过降雨或者河水灌溉的淋洗能够排出，达到土壤水盐年内或多年平衡，不会发生作物根层的盐分积累。但是不当的咸水灌溉可能导致土壤次生盐碱化和含水层退化并对环境带来严重的影响。因此采取适当的灌溉方法与灌溉管理措施是咸水灌溉可持续发展的重要保障。尽管咸水灌溉在理论研究与应用实践方面都取得了重要进展，由于种种原因，咸水的开发利用尚未达到足够的规模。迄今为止，国内外咸水开发利用的研究工作主要集中在灌水处理、灌溉制度、适宜咸水灌溉的土壤质地、咸水灌溉条件下施肥水平对作物产量的影响等方面。咸水灌溉不同于淡水灌溉，影响咸水灌溉的因素很多，如咸水水质、土壤盐分、土壤类型、气候、作物、耕作技术、管理水平等因素。因此，咸水灌溉是一项技术性要求比较高的灌溉技术，大量科学实验和生产实践已经证明，合理利用咸水可以达到增加作物产量的目的，并不会造成土壤的恶化，给咸水开发利用提供了有力的支撑条件。

随着咸水灌溉研究的深入和社会对水资源与水环境问题的关注，安全、高效与可持续发展是咸水灌溉技术研究的重点。目前国际上普遍关注的是适宜于主要作物的咸水灌溉技术，咸水灌溉对环境的影响以及浅层地下水咸水可开采量的评价技术，主要包括考虑地区气候与资源特点的咸水综合灌溉技术、大面积进行咸水灌溉对区域水盐均衡的影响。

7.3　灌区多水源联合运用

随着农业水资源日渐短缺，为保障农业生产的持续、稳定和均衡发展，对农业水资源进行综合利用与优化管理，显得越来越重要。为了提高灌溉水的利用率，满足灌溉用水需求，常常需要多种水源联合运用。尤其是南方灌区，灌溉水通常是水库供水、天然河流供水兼而有之，有时还可能需要进行跨流域调水灌溉。这种多水源联合运用的灌溉系统往往具有结构复杂、目标多样等特点，需要依据灌区用水规律、水源条件构建多水源联合运用模型，提出优化配水策略。这种多水源供水形式通常的运行规则有：优先利用河水灌溉，避免河水废弃；在干旱季节河水较少时，利用水库的蓄水灌溉以提高灌溉保证率。

灌区多水源联合运用是在常规调度和系统工程的一些优化理论、技术基础上发展而来的。它是指在保证水库安全可靠的前提下，充分发挥不同水源工程间的补偿作用进行联合调度，满足不同作物在不同时间段的用水需求，提高水资源的利用率及经济效益。灌区多水源联合运用通常需要结合灌区灌溉系统组成，作物种植情况及水文气候条件等因素构建优化模型进行求解，不同的灌区构建的优化模型略有不同。

灌区多水源联合运用优化模型的目标函数一般选取经济效益最大、灌水费用最小、缺水量最小或缺水损失最小等，约束条件包含水库、塘堰水量平衡约束、库容约束、渠道输水能力约束、最大需水约束及非负约束等。目前广泛使用的优化方法有线性规划、非线性规划、动态规划、大系统分解协调技术以及智能算法等。

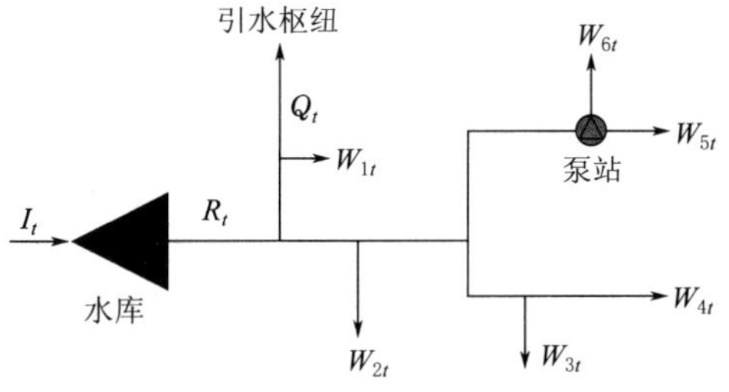

图 7.2　某灌溉系统概化图

图 7.2 为某灌溉系统概化图，由图可知灌溉系统由一个引水枢纽、一个供水水库、一个抽水泵站、一条干渠和六条支渠组成。

图中 Q_t 为第 t 个时段引水枢纽引入的灌溉水量；I_t、R_t 分别为水库第 t 时段的入库径流量和供水量；W_{it} 为第 t 个时段第 i 子区域的需水量。

1. 目标函数

将运行年度内灌溉系统的经济效益最大化作为目标函数，表达式为

$$OPT = \max \sum_{i=1}^{6} r_i \sum_{t=1}^{T} S_{it}$$

式中：r_i 为运行年度内第 i 子区域单位灌水量的净效益，与区域内的种植结构，不同时期的灌水量等条件有关；T 为总时段数；S_{it} 为第 i 子区域 t 时段的供水量。

2. 约束条件

约束条件包括水库水量平衡约束、库容约束、供水工程供水能力约束、渠道输水能力约束、子区域最大需水量约束及非负约束等，各约束简要介绍如下：

（1）水库水量平衡约束。任意时段水库水量应满足水量平衡，即

$$V_t = V_{t-1} + I_t - R_t - f_L(V_{t-1}, V_t) - X_t$$

式中：V_{t-1}、V_t 分别为第 t 时段初、末的水库蓄水量；$f_L(V_{t-1}, V_t)$ 为 t 时段水库水量损失函数（包括蒸发损失和渗漏损失）；X_t 为 t 时段水库弃水量。

（2）水库库容约束。任意时段水库的库容在死库容与该时段允许的最大库容之间，即

$$V_p \leqslant V_t \leqslant V_{t\max}$$

式中：V_p 为死库容；$V_{t\max}$ 为 t 时段水库允许最大库容，通常为兴利库容，在汛期有特殊要求时按允许上限计。

（3）子区域最大需水量约束。区域供水工程供水量不大于对应子区域的需水量，即

$$S_{it} \leqslant W_{it}$$

$$\sum_{i=1}^{6} S_{it} \leqslant Q_t + R_t$$

式中：Q_t 为 t 时段的引水量。

（4）水源工程供水能力约束。包括水库的供水能力、引水能力和泵站提水能力约束

$$R_t \leqslant R_{t\max}$$

$$S_{1t} \leqslant Q_t \leqslant Q_{t\max}$$

$$S_{5t} + S_{6t} \leqslant B_{t\max}$$

式中：$R_{t\max}$、$Q_{t\max}$、$B_{t\max}$ 分别为水库、引水工程和泵站的供水能力。

（5）非负约束。所有决策变量均为非负，即

$$Q_t \geqslant 0$$

$$R_t \geqslant 0$$

$$S_{it} \geqslant 0$$

上述模型的规模取决于时段数的大小，可借助相关软件或编写程序求解。

思考题

1. 灌溉中劣质水的来源主要有哪些？各有什么特点？
2. 采用劣质水灌溉的优势及不足分别是什么？如何避免相关不足？
3. 地表水与地下水联合调配过程中？如何分析地下水是否超采？

参　考　文　献

［1］　康绍忠．农业水土工程概论［M］. 北京：中国农业出版社，2007.

［2］　单婕，邵孝侯．劣质水农业高效安全利用技术的研究现状及其展望［J］. 水资源保护，2006，22（1）：19-22.

［3］　赵宝璋．水资源管理［M］. 北京：中国水利水电出版社，2000.

第8章　水资源管理

8.1　水资源综合管理

8.1.1　概念内涵

现在，水资源已成为世界稀缺资源，即使在水资源相对富裕的湿润和半湿润地区，免费或低价取水的时代已经过去。不管过去的水管理工作多么有效，现在却难以满足未来人口和经济增长对水的需求，更难适应气候与生态环境的变化，必须以实现可持续发展为目标，设计和实施相应的水资源综合管理机制，完成未来水资源可持续利用的管理任务。

UNESCO-IHP（1996）认为：水资源可持续性管理是支撑从现在到未来社会及其福利而不破坏它们赖以生存的水文循环和生态系统完整性的水的管理与使用。简言之，它是使未来对水资源利用遗憾可能性达到最小化的管理决策活动。

近些年来，水资源综合管理作为水资源可持续性管理的重要内容，开始成为国际水资源管理发展的新趋势。全球水伙伴认为：水资源综合管理是在不损害重要生态系统的可持续性条件下，以公平的方式促进水、土地及相关资源的协调开发和管理，使经济和社会福利最大化，包括土地和水、地表水和地下水、流域及其附近沿海和海洋环境、上游和下游地区的利益等的管理。它是通过加强水的治理结构，促进正确决策的不断产生以适应不断变化的需求和形势，努力避免因决策没考虑各部门活动而导致的生命损失、资金损失、资源耗竭，目的是保证水的开发和管理的公平性，满足妇女和贫困人群的不同用水需求，促进经济社会发展，并使发展不以损害重要生态系统为代价或者危及子孙后代对水资源的需求。因此，水资源综合管理不只是针对自然资源的管理，还包括对人类自身体系的改革，以使所有人都能从这些资源中获利。

对政策和规划的制定来说，制定水资源综合管理政策和工作重点时，要考虑到水资源的影响，包括宏观经济与水资源开发、管理和利用之间的双向作用关系；要有跨部门的整合；利益相关者在水的规划和管理上有发言权；在地方和流域层面上制定与水相关的决策，应该和更宏观的国家发展目标一致，至少不应冲突；水的规划和战略要融入更宏观的社会、经济和环境目标中去。在具体操作过程中，水的问题在日常议事中应有一个适当的位置，应建立更强的水意识，营造有效的沟通渠道并在政府部门、机构、利益群体和社区之间分享决策过程，鼓励超越传统部门意识进行思考。所以，水资源综合管理是一个动态适应不断变化的需求和形势的过程。

为支持实现可持续发展战略目标，在水资源开发、利用、配置、节约、保护、治理过程中，所进行的统筹规划、政策指导、组织实施、协调控制、监督检查等一系列规范性活动，称为水资源可持续利用管理，它是水资源综合管理的核心内容与重要组成部分之一。

统筹规划是合理利用有限水资源的整体布局、全面策划的关键；政策指导是进行水事活动决策的规划与指南；组织实施是通过立法、行政、经济、技术和教育等形式组织社会力量，实施水资源开发利用的一系列活动实施；协调控制是处理好资源、环境与经济、社会发展之间的协同关系和水事活动之间的矛盾关系、控制好社会用水与代价平衡和减轻水旱灾害损失的各种措施；监督检查则是不断提高水的利用率和执行正确方针政策的必需手段。

水资源综合管理作为一个在社会、经济和环境目标下水资源利用的可持续开发、配置和监测的系统过程，根本目的在于协调流域内各地区、各部门、上下游、左右岸等之间的矛盾，实现水资源的统一管理与持续利用，即满足当代人和后代人对水的需求，同时要使水资源、环境和经济、社会协调、持续发展。这就迫切需要尽快建立流域综合性水资源管理权威机构，如由流域内各省、市、自治区与国家相关涉水部门等组成的水董事会，致力解决多地区、多部门水事合作问题，强化节水减排，实现国家发展和区域经济相协调，控制用水总量，提高用水效率，保障水资源绿色、高效、可持续性、综合利用，从而避免许多国家沿用的部门管理办法所带来的水资源管理不协调、冲突、浪费和系统的不可持续性等问题，克服了过去水资源管理中普遍存在的“就水论水”“以水治水”“多龙管水”等弊端，以及长时期内单纯追求工程建设与经济效益之不足。

因此，水资源综合管理符合科学发展观与国际水资源管理实践的要求，是未来我国水资源管理的重要发展方向。

8.1.2 基本原则

水资源综合管理的原则是：以开发资源、增长经济、保护环境、维持生态和发展社会的协调性和持续性为管理目标；以生态经济系统的生态、经济规律的理论为管理基础；以水文学、经济学和系统学等为基本方法；遵循公平分配资源、开发利用程度与规模不超过水资源和生态环境的承载能力、维持生物多样性和因地制宜地科学管理等原则。此外，为了进一步加强水的管理，还需要在水资源产权明确界定和执行《水法》等相关法律规范过程中，遵守下列具体原则。

1. 开发治理和节约保护相结合

开发和节约水资源是为了满足人民和国民经济不断发展对水的需求，防灾减灾和保护环境、维持生态是为了维持经济社会健康有序发展，两者都是为了维持人类的生存和发展需要。开发是人类永恒的活动，而节约、治理和保护则是开发利用的必要条件。因此，开发、防治、节约和保护必须相结合，以“节水优先、绿色发展”为前提，在开发治理中进行水资源的节约和保护，变防治和保护的被动性为生态节约型开发的主动性。

2. 地表水和地下水、水量与水质统一管理

地表水和地下水、水量和水质是水资源开发利用的直接对象，且它们之间存在相互转化和相互影响的关系，开发利用其中任一部分都会引起水资源量与质的变化和时空的再分配。因此，有必要遵循“河（湖）长制”管理规则，实行河流水系统一管理；根据水的流动性和储存条件，建立河流生态流量保障体系与监督机制，联合调度、统一配置和管理地表水与地下水、水量与水质。对于水污染严重、水资源供需矛盾突出的河湖水系，在制定流域规划、供用水计划时，应强化排污口入河湖污染物监控与河湖水系水功能区管理，确

切落实水资源保护措施；统一考虑水量与水质，对不同用水户的水质要求，必须按国家规定标准实行分质供水，实行“优质水高价、劣质水低价”。

3. 行政、法制、经济和技术管理相结合

为了满足可持续发展战略要求，社会组织、团体和公众参与水资源管理和改革，建立从上至下行之有效的水行政管理体制与运营机制是非常必要的。我国已有一套从中央到地方的水行政组织机构，应按可持续发展战略要求进行审核，改革、健全和完善适应水资源持续利用要求的管理体制和制度。依法治水和管水的认识已有一定的基础，但还需对群众进行大力的宣传教育。我国的水法已发挥了很好的作用，但还需制定便于操作的各种规章制度以利于执行。水资源产权制度尚存在上下级和部门间责权利的不明确，需要进一步界定。

经济管理是水资源开发、利用、保护、管理的一项重要手段，涉及水资源效益与费用。需要有效利用经济手段和市场机制，为水资源的持续利用和全社会持续发展服务，但这需在基于市场机制与国家宏观调控相结合的原则指导下，发挥经济管理手段的作用。科学技术是水资源持续利用的主要基础之一，不断提高和加强水资源系统技术管理水平，对提高水资源管理的经济、社会和生态环境效益，保障水的长期持续利用，具有重要作用。

对水资源管理的总要求是：水量和水质并重，资源和环境管理一体化。今后，我国水资源管理的目标如下：

（1）深入贯彻落实最严格水资源管理制度，确立水资源开发利用控制、用水效率控制、水功能区限制纳污“三条红线”，实施水资源消耗总量和强度双控行动。

（2）全面实施国家节水行动方案，制定完善的节水标准定额体系，建立节水评价机制，推动“东北节水增粮、西北节水增效、华北节水压采、南方节水减排”建设，逐步建立节水型社会。

（3）加快推进江河（湖库）流域水量分配，着力推进地下水超采治理。明确区域用水总量、江河湖库生态流量、水资源开发利用和地下水监管指标，建设稳定、可靠的城乡供水体系，明显提升安全饮水保障能力。

（4）逐步完善“河（湖）长制”，明确水流产权，严格取水、用水、排水监督管理，加强水生态系统保护建设和管理，建成国家水资源保护监测网，逐步推进水生态文明建设。

（5）稳步推进水资源重点领域改革，深化水资源税费与水价改革，逐步建立与中国特色社会主义市场经济体制相适应的水价管理体系与水权交易制度。

8.1.3 主要方法

水资源综合管理涉及自然、社会诸多方面，管理措施必须采用多维手段、相互配合、相互支持，才能达到合理开发水土资源、保护生态环境、促进经济社会持续发展的目的。目前常用方法有以下几种：

（1）法律手段。《水法》是依法开发、利用、保护和治理水的重要依据，也是《水污染防治法》《水土保持法》《建设项目水资源论证导则》《水量分配暂行管理办法》《水权交易管理暂行办法》等专门性法律法规制定的基础，今后还会不断完善和加强，尽快建立长江、黄河等流域性专门法规，着力提升流域机构的执法地位和能力。水资源产权的明晰界定，可作为从国家到地方、从开发到经营、从防治到节约保护等一系列管理法规制定的依据，可划清各地区、各部门之间的责、权、利关系，规范上下级和各部门之间的水事行为，是水资源管理不可缺少的部分和手段。

（2）行政手段。水资源管理体制是一个递阶组织结构形式，各级有各级的隶属关系和一定的责、权、利关系。通过行政手段可以上情下达和下情上报，维持经常管理工作的运转。由于水的流动性和不确定性，常常出现水灾、旱灾、突发的水污染和公害事件以及水事纠纷等，可利用行政机构权威和与地方政府配合，调动人力、物力、财务等防灾、抗灾和协调地区、部门间的水务矛盾，以保证水资源管理目标的实现。行政手段一般带有一定的强制性和准法治性。行政手段既是水资源经常性管理的执行渠道，又是解决突发事件强有力的组织者和指挥者。

（3）经济手段。水利事业是国民经济的重要基础，必须按国家经济发展和经济规律办事，既保证水资源自身事业的发展与积累，更要利用市场机制与国家宏观调控相结合的自然资源管理体系管理好水资源。其中商品水的水价确定、水费的征收管理、污染和破坏水资源的赔偿和罚款等，都是可以利用市场机制或经济杠杆管好水资源的手段。

（4）科技手段。应用大数据分析、遥感、GIS等现代科学技术发展的最新成果，加强水资源基本资料的监测、调查和评价理论方法的研究，提高水资源科学的原始创新能力，是实施国家可持续发展战略的必需和管好水资源的重要手段。一切有关水资源的开发规划、运行管理、政策制定和预测决策，都要借助水科学及生物、化学等其他相关学科理论的提高与现代技术方法的实现，特别是水资源和环境的持续利用与经济社会的持续发展，离开技术手段是不可能实现的。因此，管好水资源必须以科教兴国战略为指导，依靠科技进步，采用新理论和新方法，不断提高水资源持续利用管理的科技含量与水平。

（5）宣教手段。宣传教育群众，使之了解可持续发展战略意义、提高生态环境和节水、护水意识，了解水资源管理的各项法规，使全社会都来珍惜水、节约水、保护水，创建节水防污型社会，为有效持久管好水资源创造良好的社会环境。

在水资源管理中，上述5种管理手段并不相互排斥，相反的是要各司其职，互相支持，互相配合，充分发挥各种手段的整体效应。

8.1.4 内容分类

我国水利管理历史悠久。随着经济发展和科学进步，水资源管理的内容不断丰富，水资源管理体制创新与制度创新也势在必行。考虑到管理对象的规模、时空范围和问题性质的差异，水资源管理问题的内容也有宏观和微观之分。此外，还有基础工作管理、管理组织体制和协调机构的管理等。

按照水资源开发利用程序划分，水资源管理可分为：规划管理、开发管理、用水管理、保护管理。

1. 规划管理

对于大江大河的综合规划，应以流域为单位进行，要与国民经济发展目标相适应，并充分考虑国民经济各部门和各地区发展需要，进行综合平衡、统筹安排。根据国民经济发展规划和水资源可供水能力，合理处理好水资源与社会经济发展的关系。

水资源综合规划应是江河流域的宏观控制管理和合理开发利用的基础，经国家批准后应具有法律约束力。

2. 开发管理

开发管理是实现流域综合规划对水资源进行合理开发和宏观控制的重要手段，也是水行政主管部门对国家水资源行使管理和监督权的具体体现。各部门、各地区的水资源开发工程，都必须与流域的综合规划相协调。

3. 用水管理

用水管理是指国家依法通过法律、经济、行政等手段对各地区、各部门以及各单位和个人用水活动的管理，包括对工业用水、农业用水、城乡居民生活用水、水力发电用水、航运用水、渔业用水、防洪调节用水以及水质净化用水等方面的管理。

我国的用水管理，在全国范围内，由国务院有关部门协同行政主管部门行使用水管理权；在地方各级人民政府的水行政主管部门，依法单独行使或者会同其他有关部门行使用水管理权。

在水资源日益紧缺的情况下，实行计划用水和节约用水是缓和水资源短缺的重要对策。水行政主管部门应对社会用水进行监督管理，各地区管水部门应制订水的中长期供求计划，优化分配各部门用水，实行水的使用权合理分配和用水（取水）许可制度，水的有偿使用和市场调节、超标准用水处罚等制度，用水和排水计量监测，解决水事纠纷，保护公共的用水利益和用水者的合法权益，使水资源尽可能满足社会经济各部门、各地区发展的需要，充分发挥水的综合效益。

4. 保护管理

把水资源合理开发利用和解决水质污染、水生态系统退化问题有机地结合起来，大力开展水质水生态监测，水环境水生态调查与评价，水质水生态系统管理、规划、调控和预报预警等工作。包括：一是对水量合理取用及对其补给源的保护，包括对水资源开发利用的统筹规划、涵养及保护水源、科学合理用水、节约用水提高用水效率等；二是对水质的保护，包括调查和治理污染源、进行水质监测、进行水质调查和评价、制定有关法规和标准、制订水质规划等；三是对河湖湿地生态保护，包括调查和治理生物多样性、进行水生态监测、进行生物多样性调查和评价、制定有关法规和标准、制订水生态保护规划等。

按照性质划分，水资源管理可分为：水资源产权管理、配置管理、政策管理、开发利用与保护管理、信息技术管理、组织与协调管理等。

1. 水资源产权（水权）管理

我国《宪法》第九条规定：“矿藏、水流、森林、山岭、草原、荒地、滩涂等自然资源，都属国家所有，即全民所有”。水资源及其大部分环境所有权的明确规定，为合理开发、持续利用水资源奠定了必要的基础。然而现代产权制度的发展导致法人产权主体的出现，所有者和经营者可以分离，资源（包括资产）的所有权、占有权、开发权、经营使用权和处置权都可以分离和转让。因此，作为全民所有的水资源产权的明晰界定是非常必要的，它直接关系到水资源开发利用的高效合理性以及与经济社会、生态环境的协调持续发展。

2. 水资源配置管理

水资源合理配置方式是水资源持续利用的具体体现。水资源配置如何，关系到水资源开发利用的效益、公平原则和资源、环境可持续利用能力的强弱。

资源配置方式直接受经济体制、资源产权及其产权转让关系支配，从而有计划配置和市场配置之分。但根据我国国情和水资源特性，完全的市场配置方式，即通过灵活变动的市场信息——价格，配置与人人有关的和无法替代的水资源，只重视了经济效率的一面，而忽略了社会公平和福利的另一面。需要探索计划配置与市场配置相结合的办法，使水资源配置取得高效利用、分配公平、效益最大的效果。

3. 水资源政策管理

水资源政策管理是为实现可持续发展战略下的水资源持续利用任务而制定和实施的方针政策方面的管理。制定水资源政策管理的依据是我国的宪法、发展经济过程中保护环境的基本国策、实施经济体制和经济增长方式的根本转变和科教兴国、节能减排、可持续发展战略方针。把上述的国策和方针具体落实到水资源的具体管理中，便是水资源政策的管理。政策一般是指特定条件下进行决策的规则与指南。一项水政策管理的制定与实施，取决于水资源管理对象及其与相邻部门关系的重要性和广泛性，同时，也与不实施这项政策引起的后果的严重性有关。因此，制定一套相应的管理政策、法律和法规，贯彻和监督指导水事活动，是可持续发展战略的需要。

水资源政策管理有宏观管理和微观管理。首先是与人类生存发展攸关的环境与发展的协调持续性政策，如水权、水法、水资源时空配置、水资源长期供需平衡和开发、保护、节约用水等政策；其次是水资源工程开发、利用、经营和水资源保护管理、技术管理等。水资源管理必须有组织和制度的强力支持。在制度方面，符合可持续发展战略的水资源法是管理制度的基础；取水许可、征收水资源费、合理的水价等管理制度是完全必需的。水资源管理的组织机构通常是递阶层次的、上下统一领导的机构。以流域为单元组织的水利机构，应统一管理本流域内水资源和水环境的开发、治理、保护、利用的一切活动，以摒弃过去多头管理的弊端。

4. 水资源开发利用与保护管理

这项管理工作是在上述几项宏观管理上和取得水资源开发使用权的条件下进行的较为具体的开发与保护的管理工作。其中，水资源开发利用管理是指采用工程和非工程措施对地表水与地下水的开发、治理与有效利用所进行的计划、配置、节约、保护、经济核算等活动。水资源环境保护管理是指对水源水质、供水质量、污水排放、湖泊湿地生态系统及河湖沿岸生态系统的保护管理。

今后要建立流域水资源综合管理体制，统一管理水量与水质和保护水生态系统，严格控制工业、城市居民污水排放量及农肥、农药的非点源污染，提高水能利用率，降低水量消耗，整治排水河道，完善灌排措施，防治和消灭南方血吸虫病源。

此外，要加强地下水开发利用与污染控制管理，严格依法管理地下水开采权和保护地下水资源，严格控制工业废水、固体废弃物和有害、有毒物质对地下水的污染，加大地下水采补平衡监控治理，并通过水价调整机制抑制对地下水的超采和浪费。

进一步加强城市生活、工业用水管理，调整工业布局和产业结构，建立节水防污型城市与工业，提高水的重复利用率和降低单位产品用水量，严格控制污水排放标准和提高超标的惩罚税制，抑制用水紧张与浪费、污染水源并存现象，制定区际水污染和水保护的法规和制度。

5. 水资源信息技术管理

水资源规划与管理离不开自然和社会的基本资料，系统的信息供给，因此，加强水文观测、水质监测、水情预报、工程前期的调查、勘测和运行管理中的跟踪监测等，是管好水资源开发、利用、保护、防治的基础。

应改善和加强所有为水资源管理服务的、能够提供科学依据的各项基础工作，如水资源综合考察、调查和评价、水资源区域规划、区域保护和社会的长期供水计划等。

建立水资源综合管理信息系统，及时掌握水资源变动情况，如水量与水质变化、供水能力与需求变化、各行业用水与需水情况变化，为科学管理和调配水资源提供依据。

推行水资源持续利用评价，建立一种水资源政策分析机制，以便持久地调整或评价现在与未来的政策，审视水资源管理政策是否有利或不利于可持续发展战略需求。

6. 水资源组织与协调管理

我国水的管理体制从中央到地方已确立了一套组织机构，但需要不断适应可持续发展战略需求，对这些机构的组织结构、职能范围、协调机制和执行监督权威等予以调整、改革和加强，以利于水资源持续利用和发展的统一管理。

不断完善和健全以河流流域为单元的流域机构和水资源统一管理体制，要把流域范围的地表水与地下水、水量和水质、开发和治理、利用和保护、水污染控制与治理统一起来，并对省、县、城市、农村的水管理范围，责权利和合作关系等明晰界定，增强协调和监督的机制与作用。同时，要按可持续发展战略要求，建立水利与国土、农业、林业、环保、能源、交通、建设等部门的合作协商机制，进行水资源综合管理。

我国的部分河流和水域（如湖泊、水库）是跨越国界的，对这种国际间水资源的开发、利用、保护和管理，应建立双边或多边的国际协定或公约。

8.2 水权与水价

产权理论是以研究产权的界定和交易为中心的基本经济理论，目前已经扩散到经济的各个领域，特别是在分析资源配置过程中外部效应、经济行为、经济增长等方面发挥了重要作用。水权是产权理论渗透到水资源领域的产物，是实现水资源有效配置的基础。

建立和完善我国的水权制度，明晰水资源产权，实行资源有偿使用制度，建立一个利用市场手段和政府宏观控制的水权交易市场，是实现我国水资源优化配置的必然要求，有利于水的利用从低效益的经济领域向高效益的经济领域调整，推进节约用水，提高水的利用效率，缓解水资源供需矛盾。但在目前的条件下，要不断完善取水许可制度，建立水资源配置一级市场；同时，要打牢水权基础，包括明确初始水权与生态水权，完善水资源配置，加强相关设施建设，深化水权交易理论研究，因地制宜实施推进水权交易策略。

进入21世纪以来，随着工业化和城镇化进程的加快，水资源短缺问题越来越突出，地方水权改革探索越来越多，国家对水权制度的建设越来越重视。2000年，浙江省义乌市和东阳市开展了首次水权交易。2002年，甘肃省张掖市作为全国第一个节水型社会试点，在临泽县梨园河灌区和民乐县洪水河灌区试行了农户水票交易制度。2003年开始，宁夏、内蒙古两个自治区分别开展了黄河水权转换试点工作。2014年开始，内蒙古开展跨盟市水权转让。2015年，水利部在全国选择了内蒙古等7个地区开展水权确权和交易试点工作。2016年，中国水权交易所正式挂牌营业。但审视迄今我国水权改革实践探索，水权交易主要是以农业用水向工业和城市用水转让为主，水权交易主体与价格、生态水权与环境等公共水权尚待明确。

现在，河（湖）长制建立与水生态文明建设，为中国水权确权及交易提供了广阔的现实需求。建设生态文明需要保障生态水权，包括明确维持江河湖泊的最小流量，以及维护动植物物种等生态环境健康延续的生态用水量及环境流量等。随着最严格水资源管理制度的实施，在"三条红线"刚性约束下，经济社会发展与用水总量之间矛盾进一步凸显，城镇和工业发展需要从机制上倒逼一些区域和取用水户，通过水权交易来满足新增用水需求。通过开展水权确权及交易，可以把用水行为与其利益联系起来，促进人们在水资源开发利用活动中形成节约使用的内在驱动力，提高水资源的配置效率和效益，提升水治理能力。

8.2.1 水权

从资源配置的角度看，产权主要有4种权利：所有权、使用权、收益权和转让权。所有权就是资源归谁所有的问题；使用权是以何种方式使用资源的权利；收益权就是通过使用资源所有权获取利益；转让权就是处置资源的权利。

产权的初始界定就是通过法律明确这些权利。要实现资源的最优配置，转让权是关键。市场经济的精髓就在于它具有一种资源自由转让的配置机制。

水权是指水的所有权、开发权、使用权以及与水开发利用有关的各种用水权利的总称，是调节个人之间、地区与部门之间以及个人、集体与国家之间使用水资源及相邻一种权益界定的规则，也是水资源规划与管理的法律依据和经济基础。我国《水法》除规定水资源所有权外，即"水资源属于国家所有，即全民所有，农业集体经济组织所有的水塘、水库中的水，属于集体所有"，并未对开发权、使用权、经营权等作明晰的规定。为了水的绿色持续利用和经济的高质量持续发展，有必要界定生态水权与水的开发权、使用权与经营权。

生态水权是维持生态与环境功能所需的水资源量，又称河道生态基流或环境流量，或流域生态环境需水量。

我国是社会主义国家，国家对水资源行使自己的所有权，体现为国家对水资源有调配和支配之权，水资源的开发利用和保护由国家统一管理，但并不是垄断水资源的使用和收益之权，而是为了更合理地利用和保护水资源，使全国人民更加合理地分享水利，更有效地防治水害，取得开发利用水资源和防治水害最大的综合效益。

水权与一般的资产产权不同，具有明显的特征，主要表现在以下几个方面：

（1）水权的非排他性。我国《宪法》规定，水资源归国家或集体所有，这样导致了水权二元结构的存在。从法律层面上来看，法律约束的水权具有无限的排他性，但从实践上来看，水权具有非排他性，这是水权的特征之一。我国现行的水权管理体制存在许多问题，理论上水权归国家或集体所有，实质上归部门或者地方所有，导致水资源优化配置阻碍重重。以黄河为例，尽管成立了黄河水利委员会代理水利部行使权力，并且在黄河水管理上发挥了积极的作用，但水资源开发利用各自为政的现象没有从根本上得到改观，“水从门前过，不用白不用，多用比少用好”等观念长期驱动人们的用水行为。大量引水无疑加剧了黄河断流，引起更大生态环境问题。国家水资源拥有产权流于形式，水权强排他性转化为非排他性。

（2）水权的分离性。根据我国的实际情况，水资源的所有权和使用权存在着严重的分离，这是由我国特有的水资源管理体制所决定的。在现行的法律框架下，水资源所有权归国家或集体所有，这是非常明确的，但纵观水资源开发利用全过程，国家总是自觉地或不自觉地将水资源的经营权委授给地方或部门，而地方或部门本身也不是水资源的使用者，它通过一定的方式转移给最终使用水资源的所有者、经营者和使用者相分离，所以导致水权的非完整性。

（3）水权的外部性。外部性，也称外部效果，它是指那种与本措施并无直接关联者所招致效益和损失。例如，工厂排放的污水，污染了江河，使渔业受到损失。同样，在某一地区修建大型水库，由于改善了局部地区的小气候，可能给周边地区带来额外的收益，如增加旅游人数，为当地提供了一定的就业机会等。

（4）水权交易的不平等性。由于我国水资源归国家或集体所有，水权的交易是在所有权不变的前提下使用权或经营权的交易，交易的双方是两个不同的利益代表者，其地位是不一样的，一方通常是代表国家或集体组织行使水资源的管理权，它出让产权；另一方则是为了获利的水资源经营者或使用者，产权出让可以凭借政府的良好形象或者权威对出让的产权施加影响，而且它们具有垄断性，而购买者则不具备这样的优势，它们只能被动地接受这种影响，特别是水权交易在另一种情况下变得更加不平衡，如由于商业欺诈或者腐败的原因，水权可以通过不正当的手段获取，尽管这只是一种特例。

合理地界定水权，是水资源高效利用的基础，也是完善水市场的前提，由于水资源的特性和水资源作为商品的特性，决定了水权的界定不同于一般的资产，它必须遵守以下基本原则。

（1）可持续利用原则。我国水资源存在许多问题，简单地概括为“水多、水少和水脏”，严重制约了国民经济的发展，威胁着人类的生存。水是国民经济发展的重要资源，是社会可持续发展的物质基础和基本条件，它的过度开发和水环境的破坏，必然削弱水资源支持国民经济发展的能力，并且威胁后代人的生存和发展，所以必须站在全社会和中华民族持续繁衍的战略高度来认识水资源，在水权界定中，水资源的可持续利用必须加以贯彻和实施。

（2）效益至上原则。我国是世界上 13 个贫水国之一，同时也是水资源浪费大国。当前我国灌溉用水的利用率只有 0.5 左右，与发达国家的 0.7～0.9 相比，相差较大；农作物水分生产率平均 1.5kg/m^3，远低于以色列 2.3287kg/m^3。为了符合国家节水行动方案要求，需要不断深挖现有水资源潜力，提高单位水资源生产率，这是水权界定必须关注的问题。水权界定所提到的效率，应该站在人的生存权与可持续发展权角度来考虑，用于人们生活基本水量的效率是最大的，所以水资源利用必须首先满足生活；为了满足子孙后代可持续发展对水的需求，必须事先预留一定的生态环境水量作为公共水权。在此基础上，水权的界定应有利于全社会的节约用水，有利于向高效益产业倾斜。

（3）公平交易原则。公平、效率、持续协调统一是水权界定过程中追求的理想目标，但在现实中经常存在冲突，如坚持将水资源向高效率产业倾斜的效率原则，会产生一系列问题，我们以农业水资源向城市和工业倾斜为例加以说明。近年来，农业水资源向城市生活和工业转移数量不断加大，水资源利用整体效益得到提高，但在一定程度上对农业的水权构成了侵犯，农民不得不加大节水投资力度，在一定程度上加大了生产成本，由此导致水权分配不公平。同样，在流域范围内（或跨流域）不同省份水资源分配和流动，也涉及利益的再分配，所以在水权界定时，应该考虑公平交易的原则，只有这样，水权的交易才可能变为现实。

在我国，水权主要是依法取得的地表水和地下水使用权及相关的转让权、收益权等。取得水权的用水与一般用水的区别，在于水权得到法律的确认和保护，并明确规定拥有水权者具有法定权利和义务。当水权受到侵害时，国家应依法排除侵害或使拥有水权者得到相应的补偿。因此，在市场经济体制下，水权体系的建立要注意以下几点：

1）要明确水权归属。水权可以是所有权，也可以是使用权；若是使用权，则保持水在名义上属于全体公民。无论是所有权或使用权，都要明确水权的归属和取得水权的条件。

2）要明确水权的计量方式。水权可以根据不确定径流的一部分，或蓄水层或水库的一部分确定；水权也可以规定为一个时间段的用水量。

3）如果水权是按量分配，必须找到当供水不能满足所有水权的用水量时分配水的协调机制。一般可以采取以下 3 种方法：

（a）根据授权的时间、地点或用水的类型（如灌溉用水、生活用水等），给每一种水权规定一个优先级，当水短缺时，按照优先顺序供水，只有上一个优先级水权的全部用水量都得到满足后才供给下一个优先级水权的用水。美国西部就实行“时间在前、权利在前”的优先顺序原则。

（b）根据短缺程度按比例减少所用水权的用水量。

（c）前两种方法的综合，在这种制度下，根据用水的优先顺序确定水权的优先级，对于优先级高的水权，如生活用水的水权，减少的比例小，优先级低的水权，如工业用水，减少的比例大。

4）要同时建立地下水和地表水的水权。如果只针对其中一类，如地表水，建立水权，会导致另一类水的过度开发；同时，由于地表水和地下水相互影响，地表水的水权也得不到保证。

5）创建了独立于土地所有权的水权后，还要登记水权并保证水权的实施，这些需要制定法律以及政府管制措施，保证水权的实施。

8.2.2 水权交易

水资源是 21 世纪稀缺的基础自然资源。当前，水资源供需矛盾制约着社会经济的快速发展，提高水资源利用效率是当务之急，水权交易市场应运而生。如何利用水权交易市场来重新分配水资源，即如何透过市场机制提高水资源利用效率，越来越多地被社会所重视。

水权交易是指在合理界定和分配水资源使用权基础上，通过市场机制实现水资源使用权在地区间、流域间、流域上下游、行业间、用水户间流转的行为。

水权交易是以“水权人”为主体。水权人可以是水使用者协会、水区、自来水公司、地方自治团体、个人等，凡是水权人均有资格进行水权的买卖。通过交易转让水权的一方称为转让方，取得水权的一方称为受让方。

水权交易的原则，应当坚持积极稳妥、因地制宜、公正有序，实行政府调控与市场调节相结合，符合最严格水资源管理制度要求，有利于水资源高效利用与节约保护，不得影响公共利益或者利害关系人的合法权益。

水权交易所发挥的功能，是使水权成为一项具有市场价值的流动性资源，透过市场机制，诱使用水效率低的水权人考虑用水的机会成本而节约用水，并把部分水权转让给用水边际效益大的用水人，使新增或潜在用水人有机会取得所需水资源，从而达到提升社会用水总效率的目的。

水权交易形态的发展趋势，是由短期交易（季节或年度租赁）扩大为永久性交易，且交易范围日益放宽。水权交易市场形式也分成正式的与非正式的两种类型，其差别在于交易是否透过行政或法院系统加以制度化。凡是必须经过严谨的行政或司法程序来规范水市场的运作，称为正式市场，这是世界各国的主要发展趋势。而非正式市场基本上是一种历史文化的传统习惯（例如农户间以抽取时间计量的一次性水量转移）。随着社会日趋复杂，水资源的日益匮乏，加上生态环保意识的日益重视，非正式市场已经面临相当大的改革压力，开始向制度化与正式化方向发展。

一般而言，水权交易市场通常在两个层次上运作，即农业灌溉区内用水者之间（同一用水区内）的交易，和农业用水者与都市用水者之间（不同用水区内）的交易。正式水权交易市场因非农业用水者对于水量的急迫需求，而成为推动农业与非农业水权交易的最主要动力。例如，美国加利福尼亚州的水银行以及得克萨斯州的 Rio Grande Valley 中 99%的水权交易都是农业与非农业部门之间的交易，其中都市用水者的交易量占 45%以上。由于转移用水的补偿，农业用水转移非农业用水，会使农民节水意识提高而改进灌溉技术，同时提升双方的效用，农业产量减产并不显著。

但是，开展水权交易应具备一些基本条件，即：用以交易的水权应当已经通过水量分配方案、取水许可、县级以上地方人民政府或者其授权的水行政主管部门确认，并具备相应的工程条件和计量监测能力。

因此，水权交易市场的具体运作，首先要分配水权，其次是制定交易规则。

1. 水权分配

由于水量具有不确定性，因季节和年份变化很大，所以在国外多数流域将水权定义为流量的比率，即水权人拥有总水量的固定百分比，而实际拥有的水量是不确定的。水权的授予可以根据降雨量、灌溉面积、土地面积等来计算，且必须建立历史数据库。对于新水权需求者则以拍卖方式授予，前提是政府必须确定该水没有其他使用者。地下水与地表水必须适用相同的规定，虽然也有适用不同的规定者（如亚利桑那州），但基本上地下水与地表水的交易方式应该相同，以避免产生市场交易的漏洞。

2. 交易规则制定

不同的交易过程会在很大程度上影响交易成本。采用何种交易规则要视具体情况而言，最终目的在于保证交易市场效率的同时，尽可能地使交易成本最小化。目前，国外交易规则有以下几种设计：

（1）建立买卖双方交易的公布栏。买卖双方的信息必须充分、公开，而设计公告栏是达成交易信息公开的主要方式。例如，Northern Colorado Water Conservancy District 在20世纪50年代曾经将买卖双方所要交易的价格与地点贴在公告栏上，买方按出价价格的高低排列，卖方则按出售水量的多少排列，一目了然，由交易双方自行寻找适当的价格与数量。这种方式虽然简单，但成交价格不一致，也容易受到先后顺序的影响。

（2）将交易价格固定化。1991年加州水银行就是采取这种方式，仅有两种固定价格。这种做法的优点在于使水市场的运作不会有投机行为，缺点在于价格本身无法确实反映市场供需变化。今后，应探讨水银行可根据地区水量的需求程度，建立一种允许价格随供需浮动的机制。

（3）以密封投标方式进行买卖双方的拍卖。投标者皆以秘密的投标方式出价，买卖双方的投标者分别将按照购买数量与出售价格的高低加以排列，以便提高成交机会，并且不断重复这种过程，一直到所有待出售的水量售完才停止拍卖程序。为避免交易过程过于烦琐，此交易不适用于过多水权人之间的交易。

3. 交易成本

交易成本通常是决定交易价格最重要的因素。如果没有交易成本，交易结果会使所有用水者的边际使用价值相同，此时社会总效益自动达到最大化。如果实际交易成本很高，使交易难以成交，会导致不完全竞争的价格。因此，水市场的效率受限于买方与卖方测量水量和水质、运送水等实施交易的各种能力。交易成本是影响水市场效率的关键。

根据美国加州水银行的经验，买卖双方可能涉及的交易成本可以分为两大类：行政交易成本和政策引导的交易成本。在设计交易制度时，如何尽可能地减少交易成本，需要与具体情况相结合进行综合评估。

水权交易方式，一般应有水权交易平台和转让方与受让方之间直接交易两种，其中，水权交易平台是指依法设立，为水权交易各方提供相关交易服务的场所或者机构。区域水权交易或者交易量较大的取水权交易，应当通过水权交易平台进行。

按照水资源确权类型、交易主体和范围进行划分，水权交易包括以下形式：

（1）区域水权交易。它是以县级以上地方人民政府或者其授权的部门、单位为主体，以用水总量控制指标和江河水量分配指标范围内结余水量为标的，在位于同一流域或者位于不同流域但具备调水条件的行政区域之间开展的水权交易。

区域水权交易通常在县级以上地方人民政府或者其授权的部门、单位之间进行；交易各方一般应当以水权交易平台或者其他具备相应能力的机构评估价为基准价格，进行协商定价或者竞价，也可以直接协商定价。通过水权交易平台公告其转让、受让意向，寻求确定交易对象，明确可交易水量、交易期限、交易价格等事项。转让方与受让方达成协议后，应当将协议报共同的上一级地方人民政府水行政主管部门备案；跨省交易但属同一流域管理机构管辖范围的，报该流域管理机构备案；不属同一流域管理机构管辖范围的，报国务院水行政主管部门备案。

（2）取水权交易。取水权交易在取水权人之间进行，或者在取水权人与符合申请领取取水许可证条件的单位或者个人之间进行。获得取水权的单位或者个人（包括除城镇公共供水企业外的工业、农业、服务业取水权人），通过调整产品和产业结构、改革工艺、节水等措施节约水资源的，在取水许可有效期和取水限额内向符合条件的其他单位或者个人有偿转让相应取水权的水权交易。

取水权交易转让方应当向其原取水审批机关提出申请，包括交易水量、交易期限、转让方采取措施节约水资源情况、已有和拟建计量监测设施、对公共利益和利害关系人合法权益的影响及其补偿措施等。经原取水审批机关审核批准后，转让方可以与受让方通过水权交易平台或者直接签订取水权交易协议，协议内容包括交易量、交易期限、受让方取水地点和取水用途、交易价格、违约责任、争议解决办法等。其中，交易价格根据补偿节约水资源成本、合理收益的原则，综合考虑节水投资、计量监测设施费用等因素确定。

县级以上地方人民政府或者其授权的部门、单位，可以通过政府投资节水形式回购取水权，也可以回购取水单位和个人投资节约的取水权。回购的取水权，应当优先保证生活用水和生态用水；尚有余量的，可以通过市场竞争方式进行配置。

（3）灌溉用水户水权交易。灌溉用水户水权交易是在灌区内部用水户或者用水组织之间，进行的已明确用水权益的水权交易。当县级以上地方人民政府或者其授权的水行政主管部门，通过水权证等形式将用水权益明确到灌溉用水户或者用水组织之后，可以开展交易。对灌溉用水户水权交易期限不超过一年的，不需审批，由转让方与受让方平等协商，自主开展；交易期限超过一年的，事前报灌区管理单位或者县级以上地方人民政府水行政主管部门备案。灌区管理单位应当为开展灌溉用水户水权交易创造条件，并将依法确定的用水权益及其变动情况予以公布。

县级以上地方人民政府或其授权的水行政主管部门、灌区管理单位可以回购灌溉用水户或者用水组织水权，回购的水权可以用于灌区水权的重新配置，也可以用于水权交易。

8.2.3　水价

天然水资源是社会财富，其有用性决定了它具有价值。同时，水资源也是一种商品，一种在水市场上流动的商品，因此，也就存在价格。在社会主义市场经济体制下，价格是最重要的市场信号和资源配置手段。由供求关系所决定的水资源商品价格包含着水资源稀缺性、消费者的支付意愿和供水成本等重要信息，直接影响到消费者的消费水平和企业的利润预期，引导消费者和生产者调整消费和生产行为，能够引导水资源的重新配置。水价是否合理，对水资源、配置和使用有着决定性的影响。要实现水资源的优化配置，必须建立合理的水价形成机制。

建立市场经济，必须建立起以市场形成价格为主的价格机制。只有这样才能真正反映资源的稀缺程度，成为权衡成本与收益以及协调各个经济主体利益的基本尺度。但在过去，水资源一直被作为公有资源而广泛应用或其价格与价值严重偏离，以至于给人们形成一种误解，认为水资源是“取之不尽，用之不竭”的天然资源。而在市场经济条件下，强调资源的价格与价值相匹配，所以必须将水资源、经济管理引入市场经济，真正以资源产品形式进入经济活动中，通过灵敏的水价变动，发挥价值规律的作用，使水资源的价格与价值相匹配，真正起到经济杠杆作用，以促进水资源的优化配置，提高水资源的合理开发利用程度。

1. 水价制定基本原则

水资源（或供水）属于可分的非专有货物。可分是指可供水量在供给任何一个用户使用后，都将减少，而非专有是指水资源不为某个人或团体所拥有。非专有性将削弱财产权，导致低效率。对于水资源的定价，为了防止水资源非专有性分配结果的发生，促进水资源的可持续开发利用和提供可靠的供水，水价的制定应遵循以下 4 个原则：

（1）公平性原则。水是人类生产和生活必需的要素，是人类生存和发展的基础，人人都享有拥有一份干净水的权利，以满足其基本的生活需求。因此，水价的制定必须使所有人都有能力承担支付生活必需用水的费用。在强调减轻绝对贫困、满足基本需要的同时，水价的制定应符合发达地区和贫困地区、工业和农业用水、城市和农村之间的社会收入分配水平，以及用户间不同用水量的价格差异，并保证用户的支付与其所享用的水服务相等。

（2）高效利用原则。市场经济是稀缺资源高效配置的经济，水资源是稀缺资源，其定价必须采用边际成本定价法则，即使边际成本等于影子价格，把水资源的高效配置放在十分重要的位置。只有当水价真正反映生产水的经济成本时，水才能放在不同用户之间有效分配，更好地促进国民经济的发展。

（3）成本回收原则。按照成本回收原则，水资源商品的供给价格应等于水资源商品的成本。因此，成本回收原则是保证水企业不仅具有清偿债务的能力，而且也有能力创造利润，以债务和股权投资的形式筹措扩大企业所需的资金。只有水价收益能保证水资源项目的投资回收，维持水经营单位的正常运行，才能促进水投资单位的投资积极性，同时也鼓励其他资金对水资源开发利用的投入，否则将无法保证水资源的可持续开发利用。

（4）可持续发展原则。为了保证水资源可持续开发利用所需要的环境条件，必须通过水价来调控用水户的污水排放，并使其达到污水排放标准。因此，水价制定应包括支付生产水资源商品的全部成本以及相关的利润，有利于促进水资源的配置、开发、利用、节约和保护。

总之，由于水资源开发利用活动的多目标综合性，水价制定应区别对待各种不同发展阶段，不同用途之间定价的原则。现状对于诸如生活用水等公益性较强的用途，首先需要考虑的是公平性原则，在此基础上再考虑成本回收及资源的高效配置原则。工业用水定价首先是资源的高效配置和成本回收原则，同时还必须考虑利润与可持续发展原则。

2. 水价计算方法

合理的水价必须反映水的全部机会成本。经济分析表明，在任何有效率的市场中，为了达到经济效率，商品的价格要等于使用商品的机会成本。市政用水、工业用水和除了降雨外的农业用水，都需要经过人类劳动加工处理，都是商品，自然有价格，价格应该等于用水的机会成本，其中必然包括厂商处理水（包括取水、输送和加工）的边际成本。但是，处理水的边际成本，并没有反映用水的全部机会成本。作为自然资源的天然水，虽然没有经过人类劳动加工，但人们要取得天然水资源，也要付出代价。这个代价包括其他用水者减少用水的损失，其他用水类别减少用水的损失。即使个人不付出代价，社会也会为此付出代价，这个代价表现为水资源的价格，即资源水价。如果水价中不包括资源水价，就没有反映用水的全部机会成本，必然造成用水者得到的效益超过用水成本中它必须负担的那一部分，导致水资源的不合理配置和浪费。同时，水具有溶解性，能够溶解许多物质。大量供给的水创造了一种低成本的吸收、稀释、运送废物和污染物的能力。水的吸收功能是非竞争性和非排他性的，排斥免费使用者很难，处理废物用水具有公共物品性质。水体由于其吸收能力，是一种重要的财产，而且是一种稀缺的共有或公共财产。向水体排污必须要为使用环境财产付费。由于用水必然会排水，会污染水体，用水必须支付环境成本，水价必须反映环境代价。因此，完整水价应该包括资源水价、工程水价和环境水价三个部分，加上利润和税收，可用如下公式表达：

$$P=P_{wr}+P_{pc}+P_{ec}+P_r+P_t \tag{8.1}$$

式中：P 为全成本水价；P_{wr} 为资源水价；P_{pc} 为工程水价；P_{ec} 为环境水价；P_r 为供水利润；P_t 为供水税收。

（1）资源水价。也称为水权价格，它是指水资源使用权的购买价格，即国家所有权借以实现的经济形式，可以用水资源费（税）的形式来征收。它包括对水资源耗费的补偿；对水生态（如取水或调水引起的水生态变化）影响的补偿；为加强对短缺水资源的保护，促进技术开发，还应包括促进节水、保护水资源和海水淡化技术的投入等。

（2）工程水价。它是通过具体的或抽象的物化劳动把资源水变成产品水，进入市场成为商品水所花费的代价，包括工程费（勘测、设计和施工等）、服务费（包括运行、经营、管理、维护和修理等）和资本费（利息和折旧等）的代价。具体体现为供水价格，指的是生产成本和产权收益。

（3）环境水价。它是经使用的水体排出用户范围后污染了他人或公共的水环境，为污染治理和水环境保护所需要付出的代价。污染的治理也需要工程设施，其代价同工程水价。具体体现为污水处理费，是指为达到某种水质标准而付出水环境治理费的经济补偿。

3. 资源水价的定价方法

（1）级差分析法。该理论认为，水资源在国民经济不同部门的运用会带来不同的经济效益，对水的定价应该根据不同部门的供水效益来确定。比如灌溉农作物后，生产效益提高，它实际上是一种级差地租，水价计算公式为

$$P=D/R \tag{8.2}$$

式中：P 为水价；D 为级差水价；R 为投资效果系数。

该法只考虑了用水功能，至于其他有关诸因素都未考虑，并且将增加的经济效益完全归于灌溉，抹杀了土地对经济效益的作用，因而这种方法算出的水价不尽合理。

（2）目标效益法。它主要适用于地表水作为能源效益的定价方法，其计算公式为

$$P=K(PA-PB)/Q \tag{8.3}$$

式中：P 为热水价格；PA 为常规发热、发电成本；PB 为热水代替能源在同样效率下的成本；Q 为开采地表水的数量；K 为系数。

（3）市场利润提成法。矿泉水，由于其所具有的特殊用途和价值，形成了市场价格，并且随着市场的供求关系而波动。其定价公式为

$$P=(PR\times C)/Q \tag{8.4}$$

式中：P 为水资源价格；PR 为销售利润；C 为系数；Q 为水资源开采量。

（4）完全成本法。该理论认为：已经查明的地表水资源由以下几个部分组成：①地表水资源测量储量价格；②绝对收益和级差收益；③补偿费用。其公式为

$$P=P_1+P_2+P_3 \tag{8.5}$$

式中：P 为水资源价格；P_1 为查明地表水资源价格；P_2 为地表水资源测量储量价格；P_3 为水资源绝对级差收益。

绝对收益指水市场价格与超过生产价格的余额，主要表现在两个方面，即稀缺性和垄断性。级差收益指由于储存量、水质级别、地理条件和降雨量、时间变化、用水功能、城市乡村、人口密度、经济发展、技术进步及开采条件不同，投入同样的劳动在不同的自然条件下可以获得不同的水资源使用量价值。

补偿费用实质是由于水资源的竭耗和条件的恶化，社会除了已消耗在商品中所包含的价值以外，不得不投入比上一次生产循环更多的劳动。它包括：防止水资源和环境的恶化，弥补和修复水资源开发而导致水资源基础和环境质量的降低，保持适当的竭耗速度所采取的水资源保护方面的费用，它体现了环境效益和水资源的延续利用。

（5）综合定价法。水资源的定价，应该广泛考虑与水资源有关的因素。计算公式如下：

$$P=f(A、B、C、D、E、F) \tag{8.6}$$

式中：P 为水资源价格；A 为水资源的影子价格；B 为水质有关的因素；C 为用水功能因素；D 为与存储基量、降水量等有关的地理条件因子影响；E 为开发利用中的工程因素；F 为污水处理、重复利用等有关的技术因素影响。

可以认为该定价公式考虑了与水资源有关的各种因素，是比较合理的。但是对各项因子具体计算是相当复杂的，甚至有些因素暂时定量还很困难。因此，它暂时还是一个理论框架，还有待于进一步深入研究。

（6）供求定价法。该理论认为，供水是商品，符合商品供求规律，其表达式为

$$Q=K(1/P)^E \tag{8.7}$$

式中：K 为常数；Q 为相应水价 P 时的城市用水量；E 为价格弹性系数。

将上述公式稍加处理，可得出以下形式：

$$Q_2=Q_1(P_1/P_2) \tag{8.8}$$

式中：Q_1、Q_2 分别为调整水价前后的用水量；P_1、P_2 分别为原水价、调整后的水价。

根据逆算法，可得出水资源价格公式为

$$P=P_1-PE \tag{8.9}$$

式中：P 为水资源价格；P_1 为水价；PE 为供水成本及正常利润。

水价弹性系数 E 是从动态上反映了水价变化与水需求量变化的关系，可表示为

水价弹性系数＝水耗量降低率/水价增长率

例如，$E=0.3$，指价格每增加1%，意味着需求量减少0.3%。

上述各种水资源的定价方法各有利弊，鉴于我国水资源供需矛盾十分突出，可暂时应用供求定价法求出水资源价格。

8.3 水资源配置

8.3.1 水资源配置任务

随着社会的发展、人口的增长、生活水平的提高，社会经济各种需水量越来越大，水资源的稀缺性进一步加剧。水资源作为一种具有商业价值和生态价值的稀缺资源，如何保障供水安全，提高水资源的配置效率，已成为全球共同关注的前沿问题。

水资源配置是对一个特定流域或区域，以有效、公平和可持续原则，考虑市场经济的规律和资源配置准则，通过工程与非工程措施，加强生产、生活、生态的需水管理和供水管理，合理抑制用水需求、有效增加供水、积极保护生态环境等手段和措施，对多种有限、可利用的水源在多个区域间和生产、生活、生态等用水部门间进行科学合理的分配，以提高水资源利用效率，实现水资源的可持续利用，保证社会经济、资源开发、生态环境的协调发展。

水资源优化配置的实质是：在需水方面，优先保障生态环境需水条件下，通过优化调整产业结构与生产力布局，发展绿色高效耗水产业，抑制需水增长，提高水的利用效率，促使各部门或各行业内部高效用水；在供水方面，以效率与公平为目标，加强水资源预测与优化调配，协调各单位竞争性用水，通过工程与非工程措施，改变水资源时空分布与社会经济绿色高质量发展不相适应的局面，提高水的分配效率，合理解决各部门和各行业（包括环境和生态用水）之间的竞争用水问题。

水资源优化配置是实现水资源合理开发利用的基础，是水资源可持续利用的根本保证。对解决水资源的天然时空分布与生产力布局不相适应问题，地区间和各用水部门间存在的用水竞争性，水资源开发利用方式产生的许多生态环境问题等，具有重要意义。

水资源配置工作涵盖水资源开发与利用、节约与保护、治理与管理等各个方面，涉及经济、社会与生态环境等领域，是一个复杂的系统工程。其主要任务如下。

1. 经济社会发展与水资源需求预测

根据流域或地区国民经济发展规划与水资源开发利用现状等，制订适合流域或区域现实可行的经济社会发展规模和发展方向，推求合理的生产布局；研究现状条件下的用水结构、用水效率及相应的技术措施，分析预测未来近期和远景不同发展水平条件的生活水平提高、国民经济各部门发展，以及生态环境保护目标下的水资源需求。

2. 水环境承载能力与生态环境需水预测

根据流域或地区截污减排等水污染防治规划与实施情况，分析预测生产过程中各类污染物的排放率及排放总量；结合水功能区划与生态区划，评价现状水生态环境质量，预测

河湖水体中主要污染物浓度和环境容量，分析河湖水体纳污能力与水环境承载能力，制定合理的水生态环境保护准则与治理标准；分析生态环境保护与水资源开发利用的关系，预测河流水系生态基流与环境流量，流域或区域的生态环境需水量。

3. 水资源开发利用方式与工程布局规划

开展水资源开发利用现状评价，供水结构与节水潜力分析，水资源可利用量与可供水量分析预测；模拟分析多水源联合利用机制与方案，优化水利工程的合理规模及建设次序；分析各种水源开发利用方案所需的投资、运行费以及防洪、发电、供水等综合效益。

4. 水资源供需平衡分析与优化调配策略

开展不同区域经济发展、生态环境保护模式和水利工程开发模式下的水资源供需平衡分析，优化水利工程的供水范围和可供水量，确定各用水单位的供水量、供水保证率、供水水源构成、缺水量、缺水过程及缺水破坏深度分布等，制定各项水利工程的运行调度规则。

5. 水资源管理体制与机制

建立科学的水资源管理机制和管理手段，制定有效的水权交易、节水、水资源保护等政策法规，确定合理的水价、水资源税费、水费征收标准和实施办法，分析水价对社会经济发展的影响，以及对高效耗水、节水减排的激励作用等。

8.3.2 水资源配置原则

水资源优化配置是人们对稀缺资源进行分配时的目标和愿望，力求使资源分配的总体效益或利益最大。随着水资源短缺和水环境恶化，人们已清醒地认识到对水资源的研究不仅要研究对水资源数量的合理分配，还应研究对水资源质量的保护；不仅要研究水资源对国民经济发展和人类生存需要的满足，还应研究水资源对人类生存环境或生态环境的支撑与保障；不仅要研究满足当今用水的权利，还应研究如何满足未来用水的权利。为实现水资源的社会、经济和生态综合效益最大化，水资源配置应遵循以下基本原则。

1. 可持续性原则

可持续性是保证水资源利用不仅应使当代人受益，而且应能保证后代人享受同等的权利。为实现水资源的可持续利用，区域发展模式要适应当地水资源条件，保持水资源循环转化过程的可再生能力。在制定水资源配置组合方案时，要综合考虑水土平衡、水盐平衡、水沙平衡、水生态平衡对水资源的基本要求。

2. 高效性原则

高效性是发挥稀缺性资源价值的要求，真实体现水资源价值，包括：①提高有效水资源利用量。通过各种措施增加降水的直接利用，提高参与生活、生产和生态过程的水量及其有效程度，防治水污染，一水多用和综合利用，减少水资源转化过程和用水过程中的无效蒸发渗漏损失。②采用分质供水，提高水资源利用价值。特定水质等级的水首先用于满足相应用水质量标准的用户，按照从高到低的顺序依次对生活、工业、农业、生态环境按质供水，实行“优质水高价、劣质水低价”。③遵循市场规律和经济法则，以边际成本最小或边际效益最大为原则安排水源开发利用模式、节水与治污方案，力求使节流、开源与保护措施间的边际成本或边际收益大体接近。

3. 公平性原则

公平性是人们对经济以外不可度量的分配形式所采取的理智行为，以驱动水量和水环境容量在流域与地区之间、近期和远期之间、用水目标之间、水量与水质目标之间、用水阶层之间的公平分配。在地区之间应统筹全局，合理分配过境水，科学规划跨流域调水，将深层地下水作为应急备用水源；在用水目标上，优先保证生活用水和最小生态用水量，兼顾经济用水和一般生态用水，在保障供水的前提下兼顾综合利用；在用水阶层中，注重提高农村饮水保障程度，保护城市低收入人群的基本用水。

4. 生态性原则

水的生态属性决定了水资源利用在创造价值的同时，还必须为自然界提供持续发展的水基本保障，即满足人类所依赖的生态环境系统对水资源的需求。当水资源可利用量无法同时满足经济社会发展、生态环境保护用水需求时，应合理界定国民经济用水和生态环境用水的比例，保证必要的经济社会需水和基本的生态环境需水。

5. 统一性原则

以流域、区域的水量平衡和水环境容量为基础，将流域水循环过程和维持社会经济发展的供水、用水、耗水、排水过程相联系，进行国民经济用水的供需平衡，流域产水、入境水及外调水量与流域耗水量和出境水量的平衡，地下水补、采、径、排过程相平衡等。统筹考虑有效降水和径流性水资源的有效利用，当地水、过境水和外调水的联合利用，地表水和地下水的补偿利用，干支流、上下游、一次水和再生水的利用。

8.3.3 水资源配置机制

水资源作为一种稀缺资源，有其本身的特性：一是一些水服务项目是公共物品（准公共物品），在消费上不完全具有竞争性和排他性的特点，而这可能会导致投资不足、资源配置错误等不良后果。二是水利项目一般投资巨大，资本市场在规定的期限内不能提供足够的资金。三是水资源具有别于其他资源的特殊性质，如对空分布随机性、流动性、利害两重性、多用性、易污染性等。这些特性决定了当前许多国家行政配置机制是水资源配置的主要方式，但它忽视了市场机制的作用，往往效率较低。

实际上，水资源具有自然、社会、经济、生态、环境属性，水利工程具有特定的结构和功能，水资源优化配置是一个高度复杂的多阶段、多层次、多目标、多决策主体的风险决策问题，既要遵循自然规律又要遵循市场经济规律，对流域水循环及其影响水循环的自然资源、社会经济、生态环境诸因素进行整体多维调配。因此，水资源配置的目标，必须从单一的行政配置机制，过渡到市场和政府共同作用的配置机制，进而达到以市场机制为主的配置方式，并始终遵循水平衡机制、经济机制和生态机制。

1. 水平衡机制

水资源作为经济社会发展的资源基础和生态环境的控制因素，其配置首先要遵循流域、灌区（区域）、农田（企业）等不同尺度的水平衡机制。

流域尺度上，分析流域总来水量（包括降水量和从流域外流入本流域的水量）、蒸腾蒸发量（净耗水量）、排水量（排出流域之外的水量）之间的水量平衡关系，计算确定各种水源对国民经济各行业、各用水部门等不同用户之间、不同水平年的供需平衡和供用耗排平衡等关系，目的是不影响和破坏流域生态系统，确定不导致生态环境恶化情况下的流域允许总耗水量，包括国民经济耗水量与生态环境需水量。

灌区（区域）尺度上，分析灌区或区域内径流性产水量、耗水量和排水量之间的平衡关系，分析界定允许径流性耗水量，农业等生产用水、生活用水和生态环境用水的比重，计算确定各种水源对农业等生产、生活、生态等不同用户之间、不同水平年的供需平衡和供用耗排平衡关系。

在农田（企业）尺度上，分析供水量与需水量、用水量、耗水量和排水量之间的平衡关系，计算确定不同典型年各种水源对不同作物（产品）的供、用、耗、排平衡关系。

2. 经济学机制

水资源合理配置的经济学机制是市场经济条件下的边际成本，以边际成本替代性作为抑制需水或增加供给的基本判据，根据社会净福利最大和边际成本替代两个准则确定合理的供需平衡水平。

在宏观经济层次，抑制水资源需求需要付出代价，增加水资源供给也要付出代价，两者的平衡应以更大范围内的全社会总代价最小（社会净福利最大）为准则。

在微观经济层次，不同水平上抑制需求的边际成本在变化，不同水平上增加供给的边际成本也在变化，两者的平衡应以边际成本相等或大体相当为准则。

依据边际成本替代准则，在需水侧进行生产力布局调整，产业结构调整、水价格调整，分行业节水等措施，抑制需求过度增长并提高水资源利用效率；在供水侧统筹安排降水和海水直接利用、地表水和地下水联合利用、洪水和中水资源化，增加水资源对区域发展的综合保障功能。

以开源和节流的关系为例，当开源的边际成本高于节流的边际成本时，节流在经济上就成为合理的手段；当本地水资源的开源和节流边际成本相等，且高于跨流域调水的边际成本时，跨流域调水在经济上就成为了合理手段。

边际成本定价机制是将水价定为供给最后一单位水量的成本，即边际成本。此时的水价包括了集水、传输至水厂、水处理、输送至用户和实施监控的所有费用，不同质量、不同供水保证率的水的价格不同，边际成本也不相同。边际成本定价机制，不仅使得边际成本等于边际效益，而且使得供水的总价值与总成本的差额最大，可以防止过低定价，造成水的浪费，理论上强调用水效率，属于水资源最优配置模式，但忽视了公平问题。如果水资源紧张，可能导致水价上升致使低收入阶层支付不起等问题。

3. 生态学机制

水资源配置生态合理性的判定标准，一是整体生态状况应当不低于现状水平，在此基础上考虑人工生态效益的增加和天然生态系统可能带来的损害；二是必须满足生态保护准则中关于天然生态保护的最低要求，以维护生态系统的稳定。

国外通常以水文学、水力学、生态学为基础，分析确定生态环境需水量，常用的方法有 7Q10 法、Tennant 法（蒙大拿法）、湿周法、IFIM 法（河道内流量增量法）等，分项提出各项最小河道内需水量，取各项需水量的外包过程线作为生态需水过程量。

对于水资源短缺的地区，可能存在上述方法确定的河道内生态需水量与国民经济需水量之和远大于径流性水资源量。因此，必须以流域为基础单元，以经济建设和生态安全为出发点，遵循水分条件与生态系统结构的自然演变规律，通过高效节水、利益比较和权衡，进行国民经济用水和生态环境用水的合理配置，促进流域水资源开发利用与社会经济发展、生态环境保护之间的相互协调，在竞争性用水条件下，使生态系统保持相对稳定和功能实现。

8.3.4　水资源配置方法

水资源供需分析是水资源配置的基础和手段，其主要任务是对流域或区域内水资源的供水、用水、耗水、排水等进行长系列调算或典型年分析，得出不同社会经济发展水平年各流域（区域）的供水满足程度、余缺水量及时空分布、水环境状况等指标；明确缺水性质和缺水原因，确定解决缺水措施的顺序；为分析水资源供需结构、利用效率和工程布局的合理性，计算分区内挖潜增供、治污、节水和外调水的边际成本，生成水资源配置方案，提供基础信息。

水资源配置通过反复进行水资源供需分析，获得不同需水、节水、供（调）水、水资源保护等组合条件下水资源配置方案。遵循“立足于现状开发利用模式”“充分考虑流域内节水和治污挖潜”“考虑流域外调水”“三次平衡”思想，在现状供需分析和对各种合理抑制需求、有效增加供水、积极保护生态环境的可能措施进行组合分析基础上，进行多次供需反馈并协调平衡，最终获取水资源合理配置方案。

1. 配置内容与步骤

以“水资源调查评价”“水资源开发利用情况调查评价”为基础，结合“需水预测”“节水潜力”“供水预测”“水资源保护”等有关部分进行分析，对基准年水资源供需分析、行动方案生成、规划水平年水资源供需分析、规划方案比选和评价等配置内容进行计算。

通过对各种工程与非工程等措施所组成的水资源供需分析方案集，进行技术、经济、社会、生态、环境等指标比较，对各项措施的投资规模及其组成进行经济分析，提出水资源配置推荐方案，作为制定总体布局与实施方案的基础。

2. 配置目标与约束

通常将协调各地区及各用水部门间的利益矛盾，提高流域或区域整体的用水效率和效益，实现水资源的社会、经济和生态环境综合净效益最大作为水资源配置的目标，如：以单纯考虑经济、社会和环境等用水的供水净效益最大为基本目标，或者以考虑用水在地域间和不同收入者间的公平系数或公平性权重等公平分配原则的供水净效益最大为基本目标，或者以考虑代际间的水资源利用公平性（即要求不同时代的水资源利用权利及其效益维持不衰减）等可持续原则下的供水净效益最大为基本目标。在实际计算中，需要对其中涉及粮食产量、COD排放量、工业产值、湿地生态面积等不可度量的多目标问题，进行公度处理。

水资源配置存在许多约束条件，归纳起来，主要是水资源供需平衡、污染物“来去”平衡、水投资经济平衡等。

污染物“来去”平衡是指水环境污染与治理之间的平衡。水环境污染物来源于两个方面，上游随流而下及当地排放。当地排放的污染物总量及种类与经济总量、结构及分部门单位产值排放率和浓度有关。水环境污染治理的主要影响因素是废污水收集率、污水处理厂处理能力、污水处理级别以及处理后的污水回用率。不同的处理工艺、处理规模、处理级别和回用量显然有不同的处理费用，因而也存在着对污染治理策略的优化问题。对任何水体来说，没有一定的质便没有一定的量，污染导致水质恶化会极大地减少有效水资源量，而污水处理后回用量也将增加有效供水量。在水资源配置中应充分考虑为满足水功能区划水质目标的环境流量，在进行水量与水质的综合平衡时，要充分考虑二者的相互作用与转化，实行“优质水高价、劣质水低价”等分质供水。

水投资经济平衡是指水资源开发利用保护治理过程中，水投资来源与使用之间的平衡。水投资来源取决于区域内自身经济积累、区外投资和国民经济各部门之间的投资分配比例，水投资的使用包括开源、节流、治理、保护等方面，投资的分配与水资源配置系统内的工程组合、工程规模及建设次序密切相关。水投资来源与分配平衡通过水资源供需平衡及水环境的污染及治理平衡来实现的。在一定的经济积累水平下，一方面，给水部门的投资增加会导致对其他经济部门投资的减少，从而影响到其他部门今后的固定资产形成，而部门固定资产规模及增长速度的变化又将反过来影响需水并进而影响今后的水投资平衡态势；另一方面，经济规模的扩大又将释放出更多的污染物，进行清洁生产要求更多的环境投资，对环境投资的增加又将挤占其他部门的投资并影响经济发展的格局，而经济格局的改变也会反过来影响今后的环境平衡态势。在考虑投资分配时，应以边际成本相等或大体相当为准则。

3. 配置方式

目前，较常用的水资源配置方式主要有以需定供、以供定需、宏观经济分析、可持续发展原理等。

“以需定供”的水资源配置方式，是假定水资源“取之不尽，用之不竭”，以经济效益最优为主要目标。以过去或目前的国民经济结构和发展速度资料预测未来的经济规模，通过该经济规模预测相应的需水量，以此得到的需水量进行供水工程规划。这种思想将各水平年的需水量及过程均作定值处理而忽视了影响需水的诸多因素间的动态制约关系，着重考虑了供水方面的各种变化因素，强调需水要求，通过修建水利水电工程的方法从大自然无节制或者说掠夺式地索取水资源。其结果必然带来生态环境不利影响，诸如河道断流，土地荒漠化甚至沙漠化，地面沉降，海水倒灌，土地盐碱化等。另一方面，由于以需定供，没有体现出水资源的价值，毫无节水意识，也不利于节水高效技术的应用和推广，必然造成社会性的水资源浪费。因此，这种牺牲资源、破坏环境的经济发展，需要付出沉重的代价，只能使水资源的供需矛盾更加突出。

“以供定需”的水资源配置方式，是以水资源的供给可能性进行生产力布局，强调资源的合理开发利用，以资源背景布置产业结构，它是“以需定供”的进步，有利于保护水资源。但是，水资源的开发利用水平与区域经济发展阶段和发展模式密切相关。比如，经济的发展有利于水资源开发投资的增加和先进技术的应用推广，必然影响水资源开发利用水平。因此，水资源可供水量是随经济发展相依托的一个动态变化量，“以供定需”在可供水量分析时与地区经济发展相分离，没有实现资源开发与经济发展的动态协调，可供水量的确定显得依据不足，并可能由于过低估计区域发展的规模，使区域经济不能得到充分发展，这种配置理论也不适应经济发展的需要。

基于宏观经济的水资源配置方式，是将水资源的需求和供给结合起来，考虑水资源开发利用保护与区域经济发展的动态平衡关系的一种配置方式。通过投入产出分析，从区域经济结构和发展规模分析入手，将水资源优化配置纳入宏观经济系统，以实现区域经济和资源利用的协调发展。但是，作为宏观经济核算重要工具的投入产出表只是反映了传统经济运行和均衡状况，投入产出表中所选择的各种变量经过市场检验最终达到一种平衡，这种平衡只是传统经济学范畴的市场交易平衡，忽视了资源自身价值和生态环境的保护。因此，传统的基于宏观经济的水资源优化配置与环境产业的内涵及可持续发展观念不相吻合，环保并未作为一种产业考虑到投入产出的流通平衡中，水环境的改善和治理投资也未进入投入产出表中进行分析，必然会造成环境污染或生态遭受潜在的破坏。

基于可持续发展理论的水资源配置方式，是基于宏观经济的水资源配置的进一步升华，遵循人口、资源、环境和经济协调发展的战略原则，在保护生态环境（包括水环境）的同时，协调资源、经济和生态环境的动态关系，促进经济增长和社会繁荣。可持续发展理论作为水资源优化配置的一种理想模式，在模型结构及模型建立上与实际应用还有相当的差距，需要今后深入系统地研究。

4. 配置技术

水资源配置属于半结构化的多层次、多主体、多目标决策问题。为此，已研究和开发了许多水资源配置模型技术，如建模机制与方法、决策机制与决策方法、模拟模型与评价模型、管理信息系统、决策支持系统、GIS高新技术应用等。但应用较多的配置方法还是从简化决策入手，把复杂问题简单化，把一个复杂决策问题逐步简化为简单决策问题，应用优化、模拟等分析技术，借助于数学规划理论建立规划模型，用约束条件和目标函数来描述问题并求解；或用系统的物理机制建立数学模型，处理系统的不确定性问题等。

思考题

1. 水资源综合管理与传统水资源管理存在哪些异同点？
2. 什么是水权？如何进行初始水权分配？
3. 简要说明水量交易的方法与步骤。
4. 简述水资源优化配置机制。

参考文献

[1] 阮本清，梁瑞驹，王浩，等，流域水资源管理［M］. 北京：科学出版社，2001.
[2] 王浩，阮本清，沈大军．面向可持续发展的水价理论与实践［M］. 北京：科学出版社，2003.
[3] 丛振涛，倪广恒．生态水权的理论与实践［J］. 中国水利，2006，9：21-24.